AQUECIMENTO GLOBAL

ALARME FALSO

Nota do Editor:

A terminologia técnica expressa nesta tradução de **Aquecimento Global — Alarme Falso,** contou com a consultoria e o aconselhamento especializado do *Prof. Paulo Cavalcanti Gomes Ferreira,* que possui mestrado em Genética pela UFRJ, doutorado em Biotecnologia pela Ghent University — Bélgica e pós-doutorado em Genômica de Plantas no Cold Spring Harbor Laboratory — EUA.

RALPH B. ALEXANDER

AQUECIMENTO GLOBAL
ALARME FALSO

ENTENDA PORQUE O CO_2 PRODUZIDO PELO HOMEM NÃO É O GRANDE VILÃO E COMO OS RELATÓRIOS CLIMÁTICOS DA ONU FORAM BASEADOS EM INFORMAÇÕES MANIPULADAS E INSUSTENTÁVEIS

Tradução
Patrícia Sá

Revisão Técnica
Prof. Paulo Cavalcanti Gomes Ferreira

GRYPHUS

Título original
Global warming false alarm : the bad science behind the United Nations assertion that man-made CO_2 causes global warming

Editoração Eletrônica
Editoriarte

Capa
Victor Hugo Cecatto

Revisão Técnica
Prof. Paulo Cavalcanti Gomes Ferreira

Revisão
Vera Villar

Adequado ao novo acordo ortográfico da língua portuguesa

CIP-BRASIL. CATALOGAÇÃO-NA-FONTE
SINDICATO NACIONAL DOS EDITORES DE LIVROS, RJ

A367a

Alexander, Ralph B.
Aquecimento global : alarme falso : entenda porque o CO_2 produzido pelo homem não é o grande vilão e como os relatórios climáticos da ONU foram baseados em informações manipuladas e insustentáveis / Ralph B. Alexander ; tradução: Patrícia Sá ; revisão técnica: Paulo Ferreira. — Rio de Janeiro : Gryphus, 2010.
il.

Tradução de: Global warming false alarm : the bad science behind the United Nations assertion that man-made CO_2 causes global warming
Apêndice
Inclui bibliografia
ISBN 978-85-60610-46-4

1. Aquecimento global. 2. Mudanças climáticas. I. Título.

10-3571. CDD: 363.73874526
CDU: 504.7

21.07.10 03.08.10 020608

GRYPHUS EDITORA
Rua Major Rubens Vaz, 456 — Gávea — 22470-070
Rio de Janeiro — RJ — Tel.: (0XX21) 2533-2508
www.gryphus.com.br — e-mail: gryphus@gryphus.com.br

Sumário

Prefácio à edição brasileira

Desde a primeira publicação deste livro, há 10 meses, a arena do aquecimento global passou por uma intensificação de suas atividades. Em dezembro de 2009, a tão anunciada conferência de cúpula de Copenhague terminou em clima de desordem, não chegando a um acordo sobre a ampliação do Protocolo de Kyoto, que limita as emissões de gases de efeito estufa. Seguiu-se uma avalanche de revelações escandalosas que abalaram o *status quo* da Climatologia.

Na verdade, o que escrevi neste livro subestimava o nível de fraude ao qual chegaram o Painel Intergovernamental sobre Mudança Climática (IPCC) e outros alarmistas do aquecimento global — todos com o intuito de reforçar sua hipótese equivocada sobre a atividade humana como principal responsável pelo aquecimento global.

O *Climagate** supera todos os outros escândalos — milhares de *e-mails* embaraçosos vazaram em novembro de 2009 da Climatic Research Unit (CRU) na Universidade de East Anglia, Reino Unido, expondo as práticas escusas e a corrupção por parte dos climatologistas da CRU e de alguns cientistas americanos.

Os delitos cometidos pelos agentes do *Climagate* — alguns ainda estão sendo investigados — incluem a manipulação e a destruição de dados; a interferência no processo de revisão, feita pelas próprias comissões do IPCC, visando impedir que artigos revelando posições contrárias fossem publicados; a conspiração para evitar que os dados de temperatura e os modelos de computador fossem divulgados a pesquisadores externos que quisessem realizar análises independentes. Tudo em nome da teoria do aquecimento global pelo CO_2 e a controversa afirmação de que hoje as temperaturas são as mais elevadas em mais de mil anos.

Para a fabricação dos registros da temperatura atual, foi fundamental o "truque", hoje infame, de "esconder o declínio" das temperaturas globais oriundas de dados de anéis de árvores. O truque refere-se à substituição fraudulenta de uma tendência de diminuição da temperatura baseada em anéis de árvores pela elevação apresentada por dados de termômetro desde 1960, enquanto mantinham os registros de declínio anteriores a 1960 em anéis de árvores.

Não é necessário ser cientista para saber que manipular dados dessa maneira é absolutamente desonesto. Esse episódio produziu o gráfico do "taco de hóquei" de Michael Mann, discutido no capítulo 3 deste livro. Embora o "taco de hóquei" tenha sido desmascarado, apenas os *e-mails* do *Climagate* expuseram finalmente a verdadeira extensão da fraude.

Perturbadora também é a revisão dissimulada das temperaturas históricas feita pela equipe da CRU, assim como as implicações do *Climagate* no registro atual. O registro dos dados da CRU está no cerne dos relatórios do IPCC sobre a avaliação do clima, que vinculam o aquecimento global ao CO_2 produzido pelo homem. O *Climagate* lança uma escandalosa e grave dúvida sobre a precisão dos registros da CRU, além de colocar sob suspeita outros dados referentes à temperatura global. Agora, pela primeira vez, a existência de aquecimento global significativo no século XX pode ser contestada com consistência.

Além do *Climagate*, a credibilidade do IPCC sofreu um grande golpe nos últimos seis meses com a descoberta de vários erros em seu relatório de 2007, caindo uns em cima dos outros, como palhaços de circo.

A primeira rachadura na armadura do IPCC apareceu com o furor sobre as geleiras do Himalaia, rapidamente apelidado *Glaciergate*. Em 2007, o relatório do IPCC sustentava que o derretimento das geleiras do Himalaia, em decorrência de mudanças climáticas, poderia fazer com que estas desaparecessem até 2035. Quando um experiente glaciologista indiano questionou essa afirmação, em novembro passado, dizendo que o índice de encolhimento da geleira não aumentara nos últimos 50 anos — o presidente do IPCC, Dr. Rajendra Pachauri, minimizou, desde o início, o questionamento do glaciologista como "bruxaria de cientista".

Mas, após a falsa alegação ter sido amplamente divulgada na mídia e atribuída a um cientista que trabalha agora para o Dr. Pachauri, o chefe do IPCC foi forçado a admitir que a afirmação do relatório de 2007 não tinha bases científicas e sua organização havia cometido um erro. Para complicar ainda mais o tormento do IPCC, o relatório atribuíra a declaração sobre a geleira a um grupo ambiental, e não à literatura revista pelos cientistas contratados pelo próprio IPCC .

O escândalo do *Glaciergate* despertou atenção para uma análise mais cuidadosa de outras afirmações feitas pelo IPCC. Logo, um rosário de equívocos e exageros adicionais vieram à tona, sobre temas tão diversificados como ciclones, níveis dos oceanos e a floresta amazônica. E, para coroar tudo isso, um estudo recente mostrou que surpreendentes 30% das fontes científicas conhecidas, citadas pelo IPCC em 2007, não eram revisadas por pares, mas incluíam artigos de jornais, relatórios de lobistas e revistas.

Todos esses desdobramentos reforçam os exemplos anteriores de trapaça por parte do IPCC, sobre as quais você lerá, em detalhes, neste livro.

No entanto, ainda precisamos ver se a cúpula do IPCC ou os alarmistas do aquecimento global prestarão atenção ao clamor da comunidade científica. As primeiras indicações são que a maioria, senão todas, as investigações oficiais sobre a má conduta científica do clima realizadas no Reino Unido (da CRU), Holanda (do IPCC), e Estados Unidos (de Michael Mann) simplesmente encobrirão o comportamento fraudulento e não cooperativo.

Evidentemente, hoje, a nível mundial, a opinião pública inclina-se definitivamente para os céticos a respeito das mudanças climáticas. Quando comecei a escrever este livro, a população encontrava-se igualmente dividida entre os pontos de vista alarmista e cético do aquecimento global (Tabela 1.1). Pesquisas recentes indicam que os céticos são agora quase duas vezes mais numerosos que os alarmistas.

Espero que a mudança na crença popular signifique que o impasse em Copenhague é permanente e que os governos no mundo inteiro devem reconsiderar melhor seus planos para regulamentar as emissões de CO_2. Nos Estados Unidos, o debate político transformou-se, a partir da abordagem estabelecida pelo Protocolo de Kyoto, do "limitar e negociar" alguma forma de taxa sobre o carbono, embora ambas as abordagens venham contribuir para o aumento de despesas para os consumidores e impactos na economia.

As nações em desenvolvimento, sobretudo os países do BRIC, em que se inclui o Brasil, são os que mais perdem com a política de redução dos níveis de CO_2 — razão pela qual as nações mais pobres estavam tão pouco dispostas a cooperar na reunião de Copenhague. Será uma tragédia se o mundo em desenvolvimento for incapaz de se industrializar plenamente e desfrutar um padrão de vida mais elevado apenas porque uma minoria barulhenta e manipuladora quer substituir a riqueza conquistada com dificuldade por um problema imaginário. A ciência por si só nos diz que limites e créditos de carbono não fazem sentido.

Ralph B. Alexander
Ph.D., maio de 2010

Prefácio

Escrevi este livro porque sou cientista e sinto-me ofendido pelo fato de a ciência estar sendo desrespeitada em nome do aquecimento global — a atual *cause célèbre** do meio ambiente — e porque o mundo parece ter perdido o sentido de coletividade e substituído o espírito de investigação científica pela conveniência política.

A ciência não é um sistema de conveniência política. Os cientistas são humanos e têm suas preferências, mas o pilar da ciência está na investigação racional. Não há nada de muito racional nem investigativo em grande parte do saber predominante sobre o aquecimento global, que se caracteriza mais por um posicionamento quase religioso que por uma avaliação cuidadosa das evidências.

O abuso praticado pelos alarmistas do aquecimento global contra a ciência transformou-me num cético em relação ao CO_2. Até muito pouco tempo, eu estava em cima do muro, disposto a aceitar a possibilidade de que as mudanças recentes no clima fossem consequência da atividade humana, embora eu tivesse minhas dúvidas.

O que primeiro fez com que meu ponto de vista mudasse foi um curso de física que ministrei na universidade, há alguns anos, e que incluiu um segmento sobre o aquecimento global. Apesar do enfoque no método científico e não na aceitação de hipóteses sem os devidos

---

* *N.T. Cause célebre*: incidente com debate mundial.

testes e evidências adequadas, o livro-texto adotado apresentava apenas a linha alarmista do aquecimento global produzido pelo homem, sem qualquer questionamento.

Para mim, isso ridicularizou a história da ciência apresentada no curso, que mostrava vários exemplos de como o pensamento científico dominante havia-se equivocado algumas vezes no passado. Considerei, no mínimo, que a outra corrente do debate global também deveria ser amplamente discutida.

A experiência levou-me a reexaminar o aquecimento global. Enquanto eu explorava em maior profundidade os precedentes, percebi que me dirigia com firmeza para o campo do ceticismo e ficava cada vez mais incomodado com o tom agressivo de grande parte das declarações alarmistas, sobretudo a afirmação de que "o debate está encerrado". Essa afirmativa teria chocado o famoso biólogo britânico do século XIX, Thomas Huxley, considerado um dos fundadores do pensamento científico moderno, que disse certa vez: "O ceticismo é uma obrigação; a fé cega, um pecado imperdoável."

Este livro tem uma postura cética sobre o aquecimento global, porém com maior ênfase no enfoque científico do que na questão política. Minha intenção é tanto resgatar a reputação do empreendimento científico como também convencê-lo de que o CO_2 tem muito pouca relação com o aquecimento global.

Por que eu assumi a tarefa de defender a honra da ciência? Porque tenho uma ligação muito forte com a profissão que escolhi. Interessei-me pela ciência desde criança, quando ela era bastante respeitada após o desenvolvimento, em poucos anos, da bomba nuclear, do transistor (a base do atual *chip* de computador), dos foguetes capazes de enviar o homem à Lua, além dos avanços nas ciências biológicas, como a descoberta da estrutura do DNA.

Algo do brilho dessa época emocionante logo desapareceu e houve um retrocesso compreensível quando se percebeu que a ciência não possuía todas as respostas para nossos problemas. Infelizmente, essa reação ajudou a fomentar o crescimento da *junk science*,* com base na ignorância e no medo, e não no método científico tradicional. E tudo isso coincide com o início do debate do aquecimento global, há cerca de 20 anos. Então, talvez não nos deve surpreender que essa discussão tenha gerado mais calor do que luz.

Grande parte deste livro critica *o* Intergovernmental Panel on Climate Change (IPCC)** das Nações Unidas. Isso porque a crença atual de que o aquecimento global é consequência do CO_2 produzido pelo homem fundamenta-se, sobretudo, nos relatórios de avaliação climática feitos pelo IPCC, como interpretado precipitadamente pela mídia e engolido pelo público em geral.

Acima de tudo, os relatórios do IPCC convenceram-me de que os alarmistas estavam errados sobre o CO_2

Não digo que os longos e detalhados relatórios estejam repletos de bases científicas equivocadas. Eles contêm informações precisas e úteis em determinados pontos, fornecidas por pesquisadores bem-intencionados, que tentam, efetivamente, reconstituir um retrato coerente do sistema climático da Terra. Esses cientistas, no entanto, parecem estar em minoria no IPCC, dominado por outros cientistas e burocratas que manipulam os dados e os relatórios, segundo seus próprios objetivos.

Tudo isso é um comentário triste sobre o estado atual da ciência. Foram necessários mais de dois milênios para desenvolver e refinar o método científico moderno até sermos capazes de promover avanços tecnológicos importantes em um tempo relativamente curto. Mas, se continuarmos a denegrir a ciência, como fazem o IPCC e outras organizações políticas, nossa maravilhosa herança científica se perderá.

* Baboseira científica.

** Painel Intergovernamental sobre a Mudança Climática.

O livro foi escrito para o leigo e o cientista, em um nível que qualquer pessoa com formação no ensino médio, inclusive com alguma noção em ciência básica, deve ser capaz de compreendê-lo. No entanto, mesmo aqueles que não entendem a ciência em detalhes serão capazes de acompanhar a linha geral da argumentação.

Para transmitir a essência das bases científicas do aquecimento global de uma forma legível e informativa, reduzi o material técnico e o jargão científico ao mínimo no texto principal. Os cientistas e os não cientistas que quiserem mais detalhes deverão consultar as várias notas (e apêndices) no final do livro.

Gostaria de agradecer a muita gente. Inclusive a meu irmão Patrick, que fez com que eu me interessasse pela primeira vez com seriedade pelo aquecimento global e encorajou-me a escrever este livro; a meus colaboradores Keith e Hillary Legg, pelas inúmeras discussões sobre o assunto e sugestões úteis; a Jim Peden, que me convenceu a começar de fato a escrever; a Howard Hayden e Roy Spencer, por responder às minhas perguntas; e à minha mulher Claudia, pelo apoio e estímulo inabaláveis quando abracei o que ainda é uma causa impopular.

CAPÍTULO 1

A fraude do aquecimento global

Se você acredita no que lê e ouve na mídia, somos os únicos culpados pelo aquecimento global — cuja origem está no dióxido de carbono (CO_2) que bombeamos o tempo inteiro na atmosfera, quando queimamos combustíveis fósseis. Aqueles que não aceitam essa visão da corrente predominante são desprezados pelos alarmistas da mudança do clima, por estarem mal informados, ou até são rotulados de criminosos ambientais.

Estará esse senso comum correto ou mal informado?

Para aqueles que acreditam no aquecimento global, a bíblia do clima consiste em uma série de relatórios emitidos por uma organização das Nações Unidas, o Intergovernmental Panel on Climate Change (Painel Intergovernamental sobre a Mudança Climática — IPCC). Com base na opinião coletiva de várias centenas de cientistas do clima, os relatórios do IPCC são a fonte da crença amplamente difundida, propagada por Al Gore e outros alarmistas, de que as elevadas temperaturas sejam consequência da atividade humana.

O IPCC e os alarmistas do aquecimento global não poupam esforços em dizer-nos para corrigir o problema, reduzindo ou até eliminando as emissões de CO_2. É essencial tomar uma atitude em relação ao CO_2, gritam os fiéis, senão as temperaturas aumentarão ainda mais, com efeitos drásticos em nosso planeta e nossa forma de vida, a não ser que façamos algo agora mesmo. Se não fizermos, continua a história do CO_2 produzido pelo homem, a Terra chegará a extremos climáticos, com grandes mudanças nos padrões de precipitação pluviométrica e degelo das calotas polares, o que provocará o aumento devastador do nível do mar.

Tudo isso é um contrassenso. O aquecimento global pode ser fato real, mas tem muito pouca ligação com evidências científicas adequadas de que exista estreita relação com a quantidade de CO_2 que produzimos, ou até com a elevação das temperaturas, como diz o IPCC.

Você não saberia disso ao acompanhar as notícias. Os alarmistas teceram uma tal rede de imposturas que qualquer opinião contrária a esse ponto de vista do aquecimento global induzido pelos humanos é ignorada, subestimada ou deliberadamente distorcida. Notícias e artigos científicos que não pactuam com as "diretrizes políticas" do IPCC em relação ao CO_2 são marginalizados imediatamente por uma barreira de ataques, às vezes maldosos e pessoais.

ALARMISTAS E CÉTICOS

Os céticos do aquecimento global têm ideias bastante diferentes sobre as origens do aumento da temperatura. Ao contrário dos alarmistas, os céticos acreditam que os humanos tenham muito pouca, se tiverem alguma, influência no aquecimento global e opõem-se à noção de que as nossas emissões de CO_2 tenham algum efeito significativo no clima. Questionam a base científica que sustenta toda a questão da influência humana no sistema climático.

Para os céticos, o aquecimento global resulta quase inteiramente de causas naturais. Portanto, não há nenhum motivo para legislar sobre as emissões de CO_2 provenientes da presença humana na Terra — e no mínimo, nenhuma razão para fazer isso com intuito de combater o aquecimento global.

Ambos os grupos defendem seus pontos de vista com veemência, embora o debate, se isso pode ser assim chamado, seja em grande parte, conduzido longe dos olhos do público, no mundo silencioso dos *blogs* da internet. A visão do público em geral é bem diferente. De maneira quase exclusiva, a corrente predominante da mídia apresenta apenas o ponto de vista dos alarmistas e faz isso como se o aquecimento global provocado pelo homem fosse um fato estabelecido, uma crença que não precisasse mais ser questionada ou discutida. Esse ponto de vista tem sido adotado por muitas sociedades científicas profissionais.

Os céticos, frustrados, lutam para ser escutados. Não apenas porque suas opiniões e publicações sobre o assunto não são levadas a sério, mas também porque os alarmistas são muito eloquentes ao expressar sua posição sobre o assunto.

Embora existam sinais de que a maré está mudando, os céticos ainda são difamados e até execrados em público pelos alarmistas. Até pouco tempo, os alarmistas deliciavam-se em falar mal de qualquer pessoa que não fosse adepta de suas convicções, chamando-as de "negadores" — uma tentativa de ligar os céticos do aquecimento global aos negadores da imoralidade do holocausto. Apesar de esse rótulo não ter sido efetivamente adotado, ilustra o tom emocional do debate.[1]

O presidente do IPCC, Dr. Rajendra Pachauri, ridiculariza aqueles que questionam a ortodoxia do aquecimento global provocado pelo homem, comparando os céticos aos membros da Flat Earth Society,* que ele disse[2] ter hoje, talvez, cerca de uma dúzia de membros. O ex-vice-presidente americano Al Gore fez afirmações semelhantes, dizendo que é uma

* Sociedade da Terra Plana (*N.T.*)

ideia equivocada a de que a comunidade científica discorda acerca do aquecimento global, insistindo na existência de um consenso científico.[3]

Al Gore e o IPCC defendem uma ideia errada, pois a quantidade de céticos está longe de ser pequena. Por diversas razões, não é possível precisar o número exato de cientistas partidários dos alarmistas ou dos céticos do debate sobre o aquecimento global. Mas cada vez mais os céticos estão podendo se expressar e apresentar suas contestações com base em dados científicos.

Cientistas

Em dezembro de 2007, o senador americano James Inhofe discursou no Senado sobre o *Aquecimento Global e a Mídia*, apresentando as bases científicas da mudança climática, em um esforço de equilibrar a postura unilateral da mídia. O relatório oficial da audiência[4] incluía uma lista de cerca de 400 cientistas de quase 20 países que haviam expressado objeções importantes ao chamado consenso sobre o aquecimento global causado pelo homem. A lista dos cientistas discordantes é atualizada constantemente e passou de 700 em março de 2009.[5]

Os críticos destacaram que nem todos os que estão na lista são cientistas. Inclui, por exemplo, 25 economistas, embora os economistas também estejam entre os autores e revisores dos relatórios climáticos do IPCC. Ainda assim, mesmo excluindo os não cientistas, restam cerca de 600 cientistas — inclusive vários associados ao próprio Painel — que questionam as afirmações climáticas feitas pelo IPCC. Isso pode ser apenas a ponta do *iceberg* pois, como diz o relatório original do Senado, "muitos dos cientistas que aparecem neste relatório afirmaram de maneira sistemática que vários colegas compartilham seus pontos de vista, mas não falam em público por medo de retaliação".[4]

O uso de intimidação para silenciar os céticos sobre o aquecimento global provocado pelo homem na comunidade científica já foi observado antes, sobretudo pelo importante cientista climático Richard Lindzen, também Professor of Atmospheric Science* no Massachusetts Institute of Technology (MIT):

> Mas existe um derivativo devastador desse frenesi competitivo. Os cientistas que divergem do alarmismo viram seus fundos de doação para pesquisa desaparecerem, seu trabalho ser ridicularizado, eles próprios serem difamados como fantoches da indústria, como maus cientistas ou pior. Consequentemente, as mentiras sobre as mudanças do clima ganham crédito mesmo quando contrariam a ciência que supostamente lhes dá sustentação.[6]

Assim como os cientistas céticos que se mantêm em silêncio por medo, existem outras pessoas que não sentem necessidade especial de revelar seus pontos de vista ao público. Eu estava nesta categoria antes de embarcar neste livro. Tudo isso significa que qualquer contagem de cientistas céticos a respeito do aquecimento global talvez seja subestimada.

Uma pesquisa de opinião com mais de 500 cientistas do clima do mundo inteiro acerca das origens do aquecimento global foi realizada por Dennis Bray e Hans von Storch, primeiro em 1996 e depois em 2003.[7] A pesquisa de 2003, realizada *on-line*, verificou que quase o dobro do número de cientistas climáticos consultados acreditava que a mudança climática devia-se em geral à atividade humana.

Como em nenhuma das duas pesquisas havia uma pergunta específica sobre o aquecimento global, é difícil tirar conclusões definitivas dos resultados. Entretanto, fica claro que um número substancial de cientis-

---

* Professor da cadeira de Ciência Atmosférica na Alfred Loan Foundation

tas do clima, senão a maioria, está cético no que diz respeito ao aquecimento global — cerca de 35% nesse estudo.

Uma tentativa mais recente de tomar o pulso do debate sobre o aquecimento global foi feita em 2008[8] em uma pesquisa com 3.146 geocientistas. Essa investigação perguntava aos entrevistados, especificamente, se acreditavam que a atividade humana contribuía de modo significativo para mudanças da temperatura, uma pergunta à qual 82% dos entrevistados responderam que sim. Isso sugere que apenas 18% dos geocientistas sejam céticos em relação ao aquecimento global, embora a mesma pesquisa tenha tachado os geocientistas que se consideram climatologistas de céticos, em um nível ainda mais baixo, o que parece estar em conflito com a pesquisa de Bray e Von Storch.

Um projeto em andamento concebido para atrair os céticos sobre o aquecimento global é o "*Petition Project*"* de Oregon.[9] Esse projeto foi organizado originalmente em 1998 pelo Oregon Institute of Science and Medicine, a fim de contrapor as afirmações então difundidas de que um número expressivo de cientistas concordava com a hipótese do aquecimento global provocado pelo homem e de que eram desnecessárias mais análises científicas. A afirmação sobre o "número expressivo de cientistas" apoiando sua causa ainda hoje prevalece entre os alarmistas.

Mais de 31 mil cientistas americanos assinaram a Petição de Oregon. No entanto, esta se refere ao "aquecimento catastrófico" da atmosfera da Terra e à "grave alteração" do clima da Terra, e não ao aquecimento global como tal. Então, como nas pesquisas dos cientistas do clima, que também não foram perguntados de maneira explícita sobre o aquecimento global, a quantidade exata de céticos sobre o aquecimento global entre os signatários da Petição de Oregon não está clara. Mas fica evidente, mais uma vez, que se trata de um grande número.

---

* Projeto Petição.

Um ensaio bastante citado, que aparece para apoiar a afirmação do IPCC e de Al Gore de que o número de céticos do aquecimento global é pequeno, foi publicado na *Science* por Naomi Oreskes, uma professora de história da University of California-San Diego, em 2004. Oreskes analisou 928 resumos de artigos relacionados com a "mudança climática global" e publicados em revistas científicas de 1993 a 2003, e listados em um banco de dados científico.[10] Ela afirmou ter descoberto que nenhum dos 928 resumos discordava da posição de consenso assumida entre os cientistas do clima sobre o aquecimento global provocado pelo homem.

Para infelicidade dos alarmistas, a descoberta de Oreskes sobre a aparente ausência de pontos de vista céticos é falha. Uma análise subsequente do mesmo número de resumos[11] apresentou uma conclusão bastante diferente: a maioria não fazia menção ao aquecimento global provocado pelo homem. De qualquer forma, mesmo se nenhum dos outros artigos refutasse a posição de consenso assumida sobre o aquecimento induzido pelo homem, é provável que nenhum deles tenha dito que o aquecimento não podia ser decorrente de causas naturais também.

Não cientistas

Para o público em geral, a porcentagem de céticos é bem maior entre os cientistas, segundo pesquisas recentes — cerca de 50% no mundo inteiro e também nos Estados Unidos (Tabela 1.1).

Uma média de 54% de entrevistados em uma pesquisa mundial realizada pelo Gallup em 2007 e 2008 pensa que "as temperaturas crescentes — sejam consequência de atividades humanas", com o percentual de alarmistas nos Estados Unidos (49%) um pouco abaixo da média mundial. Uma pesquisa do Pew Research Center de janeiro de 2007 revelou um resultado similar para os Estados Unidos, onde apenas 47% do público acredita que a Terra esteja ficando mais quente em consequência da atividade humana, como a combustão de combustíveis fósseis.[13] Embora esses números sejam grandes, também indicam uma quantia quase igual de céticos em relação ao aquecimento global, nos Estados Unidos e no mundo inteiro.

Tabela 1.1: Debate sobre o aquecimento global

	Alarmistas	Céticos
Cientistas do clima, mundo[7]	65%	35%
Geocientistas, Estados Unidos e Canadá[8]	82%	18%
Público em geral, mundo[12]	54%	46%
Público em geral, Estados Unidos[12]	49%	51%

Todas essas pesquisas, portanto, desmascaram a declaração do presidente do IPCC de que quase não existem céticos em relação ao aquecimento global. Embora sejam talvez menos numerosos que os alarmistas, pelo menos entre os cientistas, os céticos existem em abundância. Espero que os esclarecimentos contidos neste livro criem um número maior de céticos.

CIÊNCIA CORROMPIDA

Como cientista, o que acho mais perturbador acerca do debate sobre o aquecimento global é o uso inadequado da ciência por aqueles que pertencem à corrente alarmista. O maior vilão público é o IPCC, que há muito se tornou a autoridade aceita por aqueles convencidos de que o aquecimento global é induzido pelo homem.

Neste livro, exporei os abusos mais flagrantes da prática científica normal cometidos pelo IPCC, e chamarei a atenção para as afirmações questionáveis e as interpretações de dados que o IPCC usou para formular sua posição sobre o aquecimento global.

Isso incluirá olhar para a ciência — o que faremos em um nível bastante básico — e a metodologia empregada para interpretar os dados disponíveis sobre o clima. A boa ciência baseia-se no que chamamos de método científico, um conjunto de procedimentos estabelecidos ao longo dos séculos desde o tempo dos gregos antigos. Nos últimos capítulos, veremos em que ponto o IPCC não apenas se equivocou ao lidar com os dados sobre o clima, como também se distanciou, repetidas vezes, da legítima metodologia científica — até corrompê-la, em muitos casos.

Primeiro, no entanto, faremos uma revisão do que é o IPCC e o que tem a dizer sobre o aquecimento global.

O PAINEL INTERGOVERNAMENTAL SOBRE MUDANÇA CLIMÁTICA (IPCC)

O IPCC sempre acreditou que o aquecimento global fosse provocado pelo homem, desde que foi estabelecido há 20 anos. A organização foi fundada juntamente com o Programa das Nações Unidas para o Meio Ambiente e pela Organização Meteorológica Mundial, o grupo que trabalha para padronizar as observações relativas ao tempo. O propósito declarado do IPCC era avaliar "as informações científicas, técnicas e socioeconômicas importantes para a compreensão do risco da mudança climática induzida pelo homem".

No entanto, apesar de a implicação dessa afirmação de mudança climática (leia-se: aquecimento global) causada pela atividade humana ainda se referir ao futuro, não é segredo que as Nações Unidas e o IPCC acreditaram que já estava acontecendo. Embora obscurecida pela linguagem burocrática, essa suposição pode ser vista com clareza nos termos do mandato que incluiu, além das palavras para preencher as lacunas em nosso conhecimento sobre o clima, declarações como:

> Revisão de políticas nacionais/internacionais planejadas e atuais relativas à questão do gás-estufa; as avaliações científicas e ambientais de todos os aspectos da questão do gás-estufa e a transferência dessas avaliações e outras informações importantes a organizações governamentais e intergovernamentais devem ser consideradas em suas políticas... [14]

Em outras palavras, todo empenho do IPCC tem sido sempre tendencioso em relação à afirmação de que os humanos provocaram, eles próprios, o aquecimento que hoje medimos em todo o globo. Essa tendenciosidade constitui a parte central de todas as publicações e relatórios do Painel. O próprio Painel Intergovernamental sobre Mudança Climática confessou, mesmo no primeiro relatório em 1990[15], que "... construiu um caso de interferência antropogênica [provocada pelo homem] em um sistema climático convincente, porém não quantitativo".

Relatórios subsequentes do Painel reforçaram a conclusão original, acrescentando argumentos mais abrangentes para a existência do aquecimento provocado pelo homem, e colocando números nessa e em outras afirmações (Tabela 1.2). Em cada relatório sucessivo pareceu estar mais convencido de que o aquecimento global é, em grande parte, nossa culpa. Por ocasião da publicação do Quarto Relatório de Avaliação, em 2007, o IPCC afirmava ter 90% de certeza de que as temperaturas ascendentes eram causadas por atividade humana.

Tudo isso seria pouco importante se o IPCC não fosse tão poderoso: vários governos do mundo inteiro, sem mencionar os grupos ambientais e o público em geral, consideram sua palavra um evangelho climático — como principio de verdade absoluto, sem questionamento. Seus relatórios sobre o aquecimento global são lidos e citados em grande parte das palestras proferidas por líderes mundiais sobre o assunto. O IPCC reivindica por direito que seus relatórios se tornem imediatamente "trabalhos padrão de referência". Isso é uma posição invejável, com que a maioria dos grupos de interesse e sociedades científicas podem apenas sonhar.

Se o IPCC fosse somente uma organização de cientistas do clima sem qualquer projeto além de rever e compreender os muitos fatores que afetam o clima da Terra, seus pronunciamentos talvez fossem mais confiáveis. Mas a realidade é que o IPCC também é constituído por burocratas e representantes do governo, com intenção de validar a afirmação original do Painel de que o aquecimento global é um fenômeno provocado pelo homem. Na verdade, dois de seus três grupos de trabalho e uma força-tarefa associada concentram-se no impacto e na diminuição do aquecimento global com base nas afirmações subjacentes de que *é* resultado direto das atividades humanas. O outro grupo de trabalho concentra-se na ciência, porém compartilha da mesma afirmativa tendenciosa.

Na verdade, os cientistas do clima do IPCC trabalham e atuam como autores (colaboradores) ou revisores dos relatórios da organização. O trabalho de escrever e rever o relatório de 2007 envolveu mais de 3.750 pessoas,[18] e estima-se que, entre elas, 2.000 sejam cientistas do clima, segundo os relatórios da imprensa da época. Mas apenas uma pequena percentagem tem o grau de PhD — a medida de especialidade científica mais aceita.

De qualquer maneira, 2.000 são uma estimativa exagerada, e eu não cheguei próximo a esse número em uma contagem rudimentar dos autores e revisores relacionados no site do IPCC. Então, mais da metade, talvez até dois terços, das 3.750 pessoas envolvidas na produção do último relatório não são cientistas do clima.

Muitos dos que não são cientistas do clima nem são cientistas: os participantes acadêmicos listados pelo IPCC incluem cientistas sociais e geógrafos. E outros colaboradores incluem engenheiros civis e até advogados. Isso significa que muito da análise científica dos relatórios do IPCC vem de gente que não tem formação para avaliar a ciência. Essa é, sem dúvida, a razão pela qual existem vários relatórios de cientistas do clima do IPCC cujas opiniões discordantes têm sido eliminadas ou ignoradas. Não é uma abordagem que produza boa ciência.

A ILUSÃO DOS MODELOS COMPUTACIONAIS

Para os céticos, as afirmações do IPCC de que podemos estar mais de 90% seguros de que o aquecimento global é totalmente provocado pelo homem beiram o absurdo. Como se verá, cada conclusão e previsão em todos os relatórios do IPCC baseiam-se em modelos computacionais do clima da Terra, e esses modelos estão longe de ser as ferramentas de análise climática exata e de previsões que o IPCC acredita que sejam.

Não estou dizendo que os modelos computacionais não desempenhem um papel útil na simulação de fenômenos físicos complexos como o clima. É que, nesse caso, as simulações de computador são tão precisas como as afirmativas que sustentam o modelo.

Se as suposições de um determinado modelo computacional fundamentam-se em ciência estabelecida, as previsões do modelo são altamente confiáveis — e o nível de confiança é quase 100% garantido. Um bom exemplo disso são os cálculos de computador usados pelo governo americano para simular as explosões de armas nucleares de seu arsenal.

De volta ao tempo em que as pessoas se preocupavam com o perigo da precipitação radioativa dos testes atmosféricos de bombas atômicas, a pressão política mundial levou ao banimento dos testes atmosféricos e ao início de testes subterrâneos. No entanto, como a precipitação radioativa ocorre mesmo quando os testes são realizados nas profundezas da Terra, as simulações de computador são hoje usadas como alternativa para realizar verdadeiros testes nas ogivas. O modelo computacional, que representa a ciência das explosões nucleares, é tão preciso que o governo acredita que tem um excelente controle das capacidades de seu arsenal nuclear e, consequentemente, não precisa retomar os testes anteriores no mundo real para confirmar o poder de sua dissensão nuclear.

Isso é uma boa notícia para a administração de armas nucleares e o ambiente. Entretanto, nem todos os modelos computacionais são tão sofisticados como aqueles que imitam as explosões nucleares, nem os processos físicos que as sustentam são tão bem compreendidos, e até mesmo conhecidos, em muitos casos. Os modelos que tentam simular o comportamento do universo, ou do cérebro humano — ambos os sistemas possuem enorme complexidade, em diferentes escalas — estão apenas começando e ainda são incapazes de fazer muitas previsões úteis.

Os modelos climáticos também estão nesta categoria. Aprendemos muito sobre o intrincado clima em nosso planeta, mas também há muito que não sabemos. Nossa compreensão sobre as nuvens e os vapores d'água, e a interação entre os oceanos e a atmosfera, até mesmo os detalhes do efeito do Sol no clima da Terra ainda estão em um estágio primitivo. Pode-se apenas construir modelos grosseiros com esses fatores, e qualquer coisa mal compreendida é quase sempre deixada de lado no caso dos modelos.

Portanto, não faz sentido, de maneira alguma, vincular um nível de confiança de 90% ("muito provável" na terminologia do IPCC) à afirmação, por exemplo, de que os gases-estufa provocam aquecimento global. Isso ainda é uma possibilidade que não podemos excluir com segurança neste momento, mas parece cada vez *menos* provável. O nível de confiança de alguns percentuais pode estar próximo desta marca.

A EXPLICAÇÃO DOS CÉTICOS: CAUSAS NATURAIS

Os céticos têm uma explicação alternativa para a crença alarmista do aquecimento global causado pelo homem, que não depende de má ciência ou de demonizar a crítica para veicular sua mensagem: o aquecimento é predominantemente natural, consequência de um dos muitos ciclos da natureza. Já sabemos que existiram ciclos que fizeram com que a temperatura da Terra, no passado, flutuasse várias vezes.

Quais são esses ciclos?

Um tipo de ciclo que *não* consiste, definitivamente, na causa da tendência do aquecimento atual são mudanças regulares, mas de longo prazo na órbita da Terra em torno do Sol. Aprendemos no ensino médio que a Terra gira em torno do Sol em uma trajetória elíptica, e que gira em volta do próprio eixo, que está inclinado. Ao longo do tempo, a órbita elíptica estica e contrai, o ângulo muda — em diferentes escalas de tempo — e a Terra também balança em seu eixo em outra escala de tempo.

O efeito cumulativo de todos esses movimentos lentos de dança feitos pela Terra é que a quantidade de calor e de luz do sol aumenta e diminui por longos períodos de tempo, sobretudo próximo ao Polo Norte. Isso promove os extensos ciclos de aquecimento e de resfriamento global, e ambos podem durar dez ou até centenas de milhares de anos.

Os ciclos prolongados de resfriamento são conhecidos como eras glaciais em virtude das camadas de gelo maciças e dos glaciares que cobrem grande parte do planeta. Espera-se a próxima era glacial para daqui a dez mil anos, ou mais, embora a tendência de aquecimento global atual possa alterá-la.

Mas há outros ciclos naturais, e muitos são mais curtos que os círculos orbitais da Terra, que podem estar influenciando nosso clima hoje — sobretudo aqueles associados ao Sol. E os ciclos climáticos naturais curtos, como *El Niño*, ou a recém-descoberta Oscilação Decadal do Pacífico podem ter maior impacto nas temperaturas globais do que pensamos.

O Sol, claro, é o que torna a vida na Terra possível. A luz do Sol fornece a energia de que os organismos vivos precisam para existir e crescer.[19] A energia de aquecimento do Sol, em combinação como os gases-estufa (grande parte vapor d'água) na atmosfera, fornece um ambiente de vida confortável suficiente para que sobrevivamos.

Assim como a órbita da Terra no sistema solar, os raios emitidos pelo Sol não são constantes, oscilando com o tempo. Entretanto, as variações na atividade solar são muito pequenas, e a maioria dos ciclos solares tem menor duração que os ciclos de mais de dez mil anos pelos quais a Terra passa. Por exemplo, o número de manchas solares[20] flutua em um intervalo de quase 11 anos. Também existem ciclos mais longos na emissão de radiação do Sol, de 85 anos e 210 anos.

Os modelos computacionais que constituem a base para os relatórios do IPCC incorporam efeitos solares, mas apenas os efeitos diretos e somente em um nível bastante rudimentar. Ausentes dos modelos, como o IPCC logo admite,[21] estão vários efeitos solares indiretos.

Um efeito indireto é a influência dos raios cósmicos na atmosfera da Terra[22], que se originam no espaço profundo e bombardeiam constantemente a atmosfera, criando muitas vezes nuvens baixas que promovem o resfriamento na superfície da Terra. O Sol pode bloquear esses raios cósmicos, alterando o efeito de resfriamento.

Outros efeitos indiretos omitidos pelos modelos climáticos do IPCC incluem o aumento da radiação ultravioleta do Sol, nos momentos de intensa atividade solar, que pode aquecer a atmosfera em virtude da for-

TABELA 1.2: PRINCIPAIS AFIRMAÇÕES DO IPCC[16]

Afirmação	Intervalo de confiança
1. O CO_2 e outros gases-estufa produzidos pelo homem[17] na atmosfera aumentaram de maneira significativa desde 1750.	100%
2. Grande parte do aquecimento global nos últimos 50 anos foi provocado por esses gases.	No mínimo 90%
3. As temperaturas no Hemisfério Norte têm sido as mais elevadas de qualquer período de 50 anos, nos últimos 1.300 anos.	No mínimo 66%
4. Um aquecimento ainda maior ocorrerá se continuarmos a produzir CO_2 e outros gases-estufa.	No mínimo 90%

O QUE HÁ DE ERRADO COM ESSE CENÁRIO

- As afirmações 2, 3 e 4 são discutíveis (embora a 1 não seja) e podem não ser verdadeiras.
- Os altos níveis de confiança de 90% são totalmente injustificáveis, porque essas três conclusões baseiam-se apenas em modelos computacionais, que são aproximações grosseiras do clima da Terra.

Esses intervalos de confiança tão altos levaram a falsas crenças insustentáveis de que seja "consenso científico" o aquecimento global induzido pelo homem e que "a ciência esteja de acordo".

A frase "gases do aquecimento global" passou a ser rotineira, apesar da falta de qualquer ligação comprovada entre os gases-estufa e o aquecimento global.

mação de ozônio. Os modelos climáticos estão longe de ser completos e possuem muitas outras fraquezas em relação ao que comportam.

Para ser justo com o IPCC, seria difícil, no momento atual, incluir efeitos solares indiretos e outros mecanismos físicos mal compreendidos nos modelos, porque nosso entendimento hoje é bastante limitado. No entanto, o ponto do IPCC questinado por mim e outros céticos é que, sabendo que tanto tem sido omitido dos modelos climáticos, o Painel continue a tirar conclusões sobre o aquecimento global que ignoram por completo as emissões, insistindo que grande parte do aquecimento vem do CO_2 produzido pelo homem. E, como veremos, o IPCC usa bases científicas equivocadas para sustentar sua tese.

CAPÍTULO 2

A polêmica em torno do CO_2

O dióxido de carbono possui, atualmente, péssima reputação. Embora colheitas e árvores precisem desse gás para crescer, além de ele ser responsável pela efervescência dos refrigerantes, nós, humanos, descarregamos grandes quantidades de CO_2 no ar, queimando carvão e gás natural para obter energia e mover veículos. Se você acredita nos alarmistas do aquecimento global, todo o CO_2 que produzimos é o que está fazendo os termômetros subirem no mundo inteiro.

Por que isso acontece?

Para responder a essa pergunta, precisamos analisar as observações científicas em que se fundamenta a discussão sobre o aquecimento global provocado pelo homem. As observações, ou coletas de dados, constituem a base do método científico ao qual me referi anteriormente. Veremos, no entanto, que esses dados não significam necessariamente que o aquecimento global seja um fenômeno provocado pelo homem.

A HIPÓTESE DO AQUECIMENTO GLOBAL POR CO_2

Duas observações estimularam o debate sobre o aquecimento global, uma envolvendo as temperaturas e outra os níveis de CO_2:

1ª. temperaturas no mundo inteiro têm subido desde meados do século XIX;

2ª. a quantidade de CO_2 na atmosfera aumentou nesse mesmo período e grande parte do CO_2 excedente provém de atividades humanas, principalmente da queima de carvão, petróleo e gases naturais.

Acima de tudo, a concentração de CO_2 está aumentando em ritmo acelerado, como ocorria com a temperatura, pelo menos durante os anos da década de 1990.

Se a temperatura e a concentração de CO_2 subiram (ver Figura 2.1), então é razoável dizer que pode haver uma relação entre eles? Existe de fato uma relação entre o aumento da temperatura e o do CO_2 atmosférico, mas isso não explica necessariamente o aquecimento global. A questão crucial é quão forte é essa conexão.

Sabemos que o aumento dos níveis de CO_2 eleva a temperatura na Terra, porém isso é apenas um efeito minúsculo, insuficiente para contribuir para o aquecimento que estamos observando. É bem possível que as altas temperaturas tenham pouca ligação com o alto nível de CO_2 e que grande parte do aumento da temperatura não seja consequência desse gás, mas de outra fonte, natural, que alguns céticos diriam ser o Sol.

O debate sobre o aquecimento global depende dessa questão, de como devem ser interpretadas as diferentes observações sobre a temperatura da Terra e o conteúdo de CO_2 na atmosfera.

Segundo os alarmistas do IPCC e do aquecimento global, a única interpretação possível para esse fenômeno que vivemos é o fato de ser provocado pelo aumento do nível de CO_2. Essa conclusão está expressa em uma hipótese científica (Tabela 2.1), que explica a ligação CO_2-temperatura em termos do que conhecemos como efeito estufa.

O efeito estufa — assim chamado, embora de maneira incorreta, em decorrência do processo utilizado para amadurecer tomates em estufas de vidro — é um fenômeno científico bem conhecido. Como está descrito em profundidade em alguns livros sobre o aquecimento global e outras fontes, não entrarei em detalhes aqui. Uma explicação simplificada é que os gases-estufa na atmosfera agem como cobertores radioativos na Terra, aprisionando parte do aquecimento do Sol, que em geral seria irradiado de volta.[27] Isso torna o planeta mais quente do que seria sem esses gases.

Uma possível relação existente entre o efeito estufa e os níveis elevados de CO_2 e as temperaturas mais altas foi proposta primeiramente pelo químico sueco Svante Arrhenius, no final do século XIX. Posteriormente, ele elaborou a hipótese de que a atividade humana poderia promover o aquecimento global.[28] Mas somente depois que o IPCC começou a publicar seus relatórios sobre o clima, na década de 1990, foi que a crença na hipótese do CO_2 se propagou.

Ao contrário da opinião popular, no entanto, o gás-estufa mais presente na atmosfera não é o CO_2 e sim o vapor d'água (H_2O). Este contribui com mais de 70% para o efeito estufa natural da Terra, as gotas d'água das nuvens com outros 20%, enquanto o CO_2 colabora apenas com uma pequena porcentagem, entre 4% e 8% do total. Os outros gases-estufa são ozônio, metano, óxido nitroso e os clorofluorcarbonetos (CFCs, os gases contidos anteriormente em aerossóis e refrigeradores), que contribuem ainda menos para o efeito estufa.

Sem o efeito estufa natural — na ausência de quaisquer gases-estufa — a vida na Terra como a conhecemos não existiria. O globo seria mais frio que os atuais 33° Celsius (60° Fahrenheit), muito frio para a maioria dos organismos vivos sobreviverem.

Figura 2.1: Os registros atuais de temperatura e CO_2

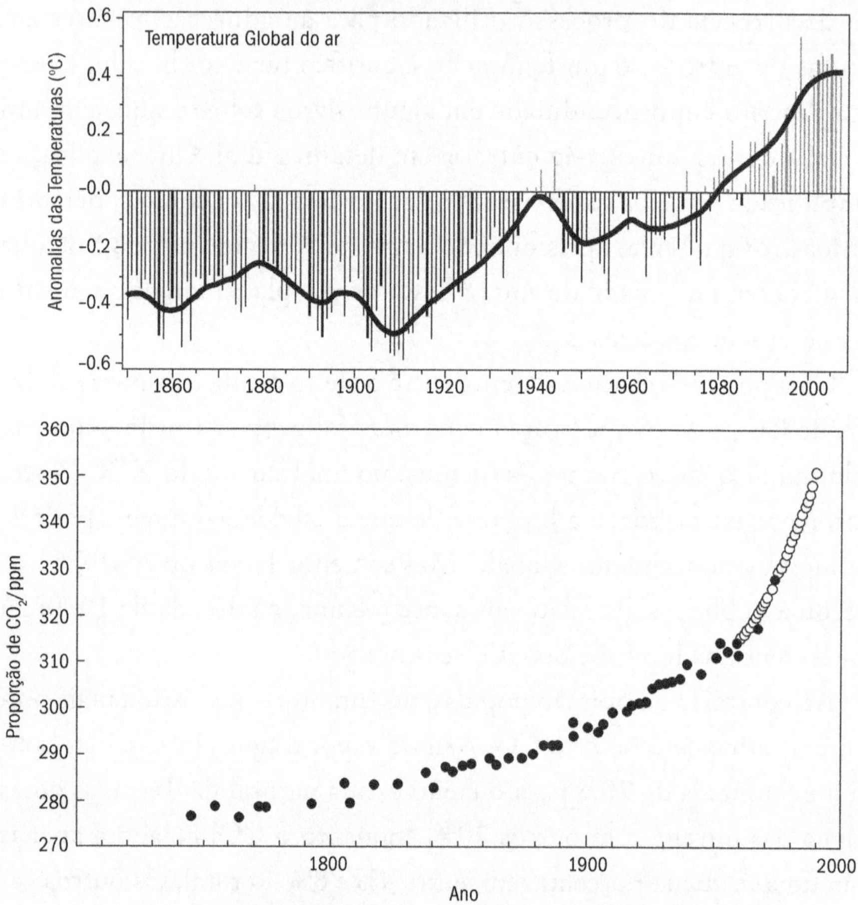

Fontes: Temperature – Climate Research Unit (CRU), [23] *CO_2 (Círculos pretos: dados de núcleos de gelo antárticos, círculos vazados: medidas do Mauna Loa Observatory) – climaprediction.net.* [24]

Nesse sentido, é de fato possível, em princípio, que, ao aumentar o depósito de gases-estufa existente com o acréscimo de mais CO_2 na atmosfera, as temperaturas possam subir. O planeta Vênus é um lugar no sistema solar com CO_2 em abundância e efeito gás-estufa pronunciado. No entanto, a quantidade total de CO_2 na atmosfera da Terra ainda é muito pequena: cerca de 390 partes por milhão, ou menos do que um

TABELA 2.1: A HIPÓTESE DO CO^2

Observações

- ✧ As temperaturas da superfície global aumentaram quase 0,8º Celsius (1,4º Fahrenheit) desde 1850.[25]
- ✧ O nível de CO_2 na baixa atmosfera subiu até 35% no mesmo período,[26] em grande parte em decorrência das emissões de CO_2 feitas pelo homem, provenientes de fábricas e automóveis.
- ✧ Tanto a temperatura como o CO_2 têm aumentado com mais rapidez nos últimos anos.

Hipótese

O aquecimento global é causado principalmente pelo CO_2 produzido pelo homem na atmosfera, através do efeito estufa, o que significa que gases-estufa como o CO_2 aquecem a Terra.

O QUE HÁ DE ERRADO COM ESSA HIPÓTESE?

1. *O problema do nível constante de CO_2*: o nível de CO_2 permaneceu constante durante os períodos de aquecimento e resfriamento globais nos últimos 2.000 anos – não subiu nem desceu enquanto a temperatura média aumentou e diminuiu.
2. *O problema da ampliação do CO_2*: A mudança do clima em consequência do CO_2 excedente é muito pequena. Um aumento de 35% no CO_2 causa apenas uma minúscula elevação da temperatura, a não ser que esse acréscimo seja ampliado por vapores d'água na atmosfera e nas nuvens. Mas não sabemos o tamanho dessa ampliação, nem mesmo se se trata de ampliação ou redução.
3. *O problema do lag* do CO_2*: historicamente, os aumentos nos níveis de CO_2 atmosférico ocorreram vários anos *depois* que a temperatura subiu. Esse *lag* do CO_2, no período do aquecimento global depois da Era Glacial, não pode ser associado ao aquecimento global atual, em que o CO_2 e a temperatura subiram juntos.

* Lag: na ciência, muitos fenômenos apresentam o que se conhece como fase *lag*, ou *lag* apenas, em inglês, que pode ser traduzido como uma defasagem ou atraso entre o início de um evento e o momento em que seus efeitos tornam-se perceptíveis, ou o período de tempo entre eventos ou fenômenos relacionados: intervalo.

vigésimo desse percentual. Seria preciso uma quantidade enorme de CO_2 para fazer uma diferença observável.

A questão crítica para nós é se o CO_2 excedente que injetamos na atmosfera da Terra desde o início de 1800 será suficiente para elevar a temperatura aos observáveis 0,8° Celsius (1,4° Fahrenheit).

Essa é a questão sobre a qual divergem com mais veemência os céticos e os alarmistas do aquecimento global. Os céticos dizem que não existem evidências adequadas de que o CO_2 produzido pelo homem desempenhe um papel significativo no aquecimento global. Os alarmistas, em compensação, dizem que tudo aponta para o fato de que isso aconteça.

OS SINAIS DE ALERTA PARA A TEORIA DO CO_2

Apesar da crença dos alarmistas, a hipótese do CO_2 é uma explicação muito pouco satisfatória para o aquecimento global. Existem vários sinais de alerta — relacionados na Tabela 2.1 "O que há de errado com essa hipótese?" — que apresentam grandes problemas para a tese. Revisamos aqui, de maneira resumida, essas três barreiras científicas à teoria do CO_2 produzido pelo homem, embora nos detenhamos nisso com maior profundidade apenas mais adiante.

O problema do nível constante de CO_2 tem relação com as tentativas de correlacionar os registros de CO_2 com a temperatura nos últimos dois mil anos. Se o CO_2 é responsável pelo aquecimento global atual, como sustenta a hipótese, então os últimos períodos de aquecimento também devem ter sido acompanhados por maiores níveis de CO_2, e os períodos de resfriamento por menores níveis de CO_2. Com certeza, isso aconteceu centenas de milhares de anos atrás, durante a Era Glacial, quando os dados dos núcleos de gelo revelam que a temperatura e o CO_2 aumentaram e diminuíram juntos.

Mas, se olharmos os últimos dados de CO_2 e da temperatura, não é o que nós vemos. Nos últimos 2.000 anos, os níveis de CO_2 estiveram praticamente constantes como uma reta (ver Figura 3.2), mas isso ocorreu durante uma era em que a temperatura alternava muito e havia vários períodos de aquecimento e resfriamento, conforme está documentado. O *único* período recente de aquecimento, em que as concentrações de CO_2 mudaram junto com a temperatura, começou a partir de 1850. A *hipótese do* CO_2 não explica esta diferença entre o comportamento moderno e o pré-moderno do nível de CO_2.

O segundo sinal de alerta para a teoria do CO_2 está no que chamamos de *problema da ampliação do* CO_2, que se refere à sensibilidade do sistema climático ao CO_2 — a elevação da temperatura quando colocamos determinada quantidade de CO_2 na atmosfera.

Se pensarmos apenas no efeito estufa natural, o aumento atual do CO_2 atmosférico, decorrente de atividade humana, que pode chegar a 35-40%, quase não afeta as temperaturas globais. Ou seja, a sensibilidade do clima ao CO_2, por si mesmo, é muito pequena. Mesmo o dobro do nível de CO_2 (um aumento de 100%) elevaria a temperatura em apenas 1° Celsius (1,8° Fahrenheit)[30] — ou até menos que isso[31], e não estamos ainda nem perto de duplicarmos o CO_2.

O dióxido de carbono pode ser culpado pelo aquecimento global somente se o efeito estufa natural da Terra for ampliado de alguma forma. Nos modelos climáticos do IPCC, o efeito minúsculo de CO_2 atuando sozinho é intensificado por vapores d'água na atmosfera e pelas nuvens, pelo que conhecemos como mecanismos de *feedback* ou retroalimentação. Em outras palavras, a presença de vapores d'água e de nuvens torna a atmosfera muito mais sensível a pequenos acréscimos de CO_2.

O problema desse cenário é que não sabemos se está correto. Não temos certeza se a ampliação promovida por vapores d'água e nuvens são uma grande ou pequena contribuição para a temperatura, ou até se a elevam de alguma maneira. O efeito do CO_2 parece mais com uma brisa ou com uma ventania de 80 quilômetros por hora? Voltaremos a essa questão nos capítulos 4 e 5.

O terceiro sinal de alerta para a hipótese do aquecimento global provocado pelo CO_2 é o problema do *lag* do CO_2. Isso se refere ao *lag* entre o nível de CO_2 na atmosfera e a temperatura nas eras glaciais passadas — ambos deduzidos das medidas do ar aprisionado nos núcleos de gelo. Os dados mostram que o aumento e a queda nos níveis de CO_2 ocorreram 600 a 800 anos após as alterações correspondentes de temperatura.

Como discutiremos mais adiante, este fato não está de acordo com os aumentos quase simultâneos de temperatura e níveis de CO_2, como proposto pela hipótese do CO_2, para explicar o aquecimento global atual.

CAPÍTULO 3

A ciência que não deu certo

Se você acredita no que eles dizem, o IPCC desde seu documento de constituição começou com intenções nobres, apesar de tendencioso em relação à hipótese do aquecimento global provocado pelo homem. Ao discutir a natureza da ciência na análise histórica, no relatório de 2007, afirma:

> A ciência pode ser estimulada por argumentos e debates, porém em geral avança pela formulação de hipóteses claras objetivamente testadas. Esses testes são a chave da ciência. [...] Assim, a ciência se autocorrige por sua própria natureza; conceitos científicos incorretos ou incompletos acabam não sobrevivendo aos repetidos testes quando confrontados com as observações da natureza.[32]

Esse é um resumo preciso e sucinto do que *deve* ser a boa ciência — a essência do método científico[33] ao qual me referi anteriormente.

Mas o IPCC continua, dizendo:

> Ao usar abordagens tradicionais, a atribuição de causas inequívocas para a mudança climática exigiria experimentação controlada de nosso sistema climático. No entanto, sem uma réplica da Terra para fazer os experimentos, a atribuição de mudança climática antropogênica deve ser buscada...

> demonstrando que a mudança detectada está em conformidade com as simulações feitas por modelos matemáticos em computadores...[34]

"Deve" ser buscada em simulações de computador? Embora o IPCC entenda corretamente que é impossível testar a hipótese do CO_2 realizando experimentos controlados na Terra, sua insistência em que a hipótese do aquecimento global provocado pelo homem possa ser comprovado por modelos de computador é o ponto de partida das bases científicas equivocadas.

Infelizmente para a ciência, os equívocos do IPCC vão muito mais longe. Não é apenas a fé cega em modelos computacionais que sabota as conclusões do IPCC, mas também a grande quantidade de diferentes pontos de partida para uma prática científica sólida.

A MANIPULAÇÃO DE DADOS

Os dados brutos reunidos por observação são cruciais para qualquer investigação científica, assim como a verificação da validade da hipótese do aquecimento global causado pelo CO_2. Sem dados, não há hipótese nem ciência.

Para ser considerada ciência boa e sólida, os dados devem ser tratados de acordo com determinadas regras não escritas, ainda mais se vamos fazer inferências a partir desses dados. Essas regras incluem a análise de todas as evidências, sem excluir nada que pareça não estar coerente, eliminando parcialidades[35] nas medidas e usando múltiplas fontes de dados para minimizar as influências de quaisquer idiossincrasias dos investigadores.

As regras são simples senso comum, mas apesar disso importantes, porque a ciência luta para compreender o mundo físico por meio de investigação honesta e descobertas. Não podemos esperar obter qualquer *insight* se agimos de maneira afobada e sem rigor com os dados.

É lamentável que o IPCC faça isso com os dois principais pilares de sua base de dados: os registros de temperatura e os de CO_2. E não apenas uma, mas repetidas vezes.

As temperaturas exageradas

Grande parte da estória do IPCC consiste no aumento rápido da temperatura global a partir de 1980, que é claramente visível se você olhar para a Figura 2.1. Os dados, que indicam a medida da anomalia da temperatura — ou as alterações da temperatura média — no período de 1850 a 2005, baseiam-se em medidas no mar e na terra.

Qual a precisão dessas medidas?

Não me refiro aos termômetros usados, pois eles existem há muito tempo e podemos contar com esse instrumento para registrar com precisão a temperatura. Mas isso não significa necessariamente que as leituras das temperaturas sejam confiáveis. A leitura dependerá do local onde está situado o termômetro — se estiver exposto ao sol quente mostrará uma temperatura diferente de outro termômetro colocado perto da sombra, por exemplo.

Então, as temperaturas medidas na superfície da Terra são sempre tomadas por termômetros em caixas brancas com venezianas, 90 centímetros acima do chão. Isso padroniza o método de mensuração; porém, ainda existe um problema em decorrência do que os climatologistas chamam de efeito das ilhas urbanas de calor.

A expressão ilha urbana de calor refere-se ao aquecimento gerado pelas pessoas que vivem em comunidades urbanas, que são sempre bem mais quentes que as áreas rurais vizinhas, em consequência da tendência do concreto, do asfalto e dos prédios de absorver calor. As ilhas de calor introduzem a tendência de as temperaturas serem, em média, maiores na cidade do que em áreas rurais, provocando a acentuada elevação dessas temperaturas.

A tendenciosidade na medida da temperatura também pode surgir em decorrência de localização errada da caixa branca com venezianas. Se estiver próxima ao asfalto de um estacionamento, por exemplo, o calor refletido e o calor gerado pelos motores dos automóveis em funcionamento distorcem a temperatura medida, indicando um aquecimento que não é real. Nos Estados Unidos, a regulamentação exige que sensores de temperatura estejam a cem metros de um aquecimento artificial ou de uma superfície refletora, porém muitas estações de temperatura não cumprem essa exigência.

O efeito das ilhas urbanas de calor é mais pronunciado em cidades grandes, mas tem sido observado em pequenos centros também. No estado americano de Illinois, um estudo revelou que a média das temperaturas do solo na área rural subiu 0,4° Celsius (0,7° Fahrenheit) entre 1882 e 1952. No mesmo período, a temperatura do ar na superfície de três pequenas cidades da vizinhança com menos de dois mil habitantes mostraram um aumento de 0,57° Celsius (1° Fahrenheit).[36] O índice de aquecimento era muito maior, cerca de 43%, em virtude da urbanização.

Os climatologistas estão conscientes do efeito das ilhas urbanas de calor e, ao longo dos anos, desenvolveram um "ajuste urbano" para corrigir a distorção dos dados, produzida pela urbanização, nas temperaturas registradas, um desvio às vezes referido como contaminação de dados por atividade humana.

O IPCC, no entanto, em sua busca contínua para fazer com que todos os dados estejam em conformidade com a hipótese do aquecimento global pelo CO_2 (Tabela 2.1), ignora, sobretudo, essa contaminação de dados. Existe, sem dúvida, um irônico contrassenso nisso: por um lado, ele invoca a atividade industrial humana para explicar o aquecimento global, e, por outro, rejeita as evidências da influência das cidades construídas pelo homem na temperatura!

O economista Ross McKitrick e o climatologista Patrick Michaels estudaram o padrão de aquecimento na superfície da Terra em comparação com condições econômicas locais, marca registrada da presença do homem. Em uma análise estatística e econômica abrangente dos dados da temperatura global, eles concluíram que a probabilidade de que as atividades humanas, como a industrialização e a urbanização, *não* influenciem as tendências da temperatura local seja menor que 1 em 14 trilhões.[37] Esse é um número impressionante, e significa que a urbanização cria, de forma inquestionável, uma distorção no aquecimento final.

McKitrick e Michaels descobriram que os índices de aquecimento global medidos recentemente precisam ser reduzidos de maneira considerável para eliminar essa distorção, embora os índices de aquecimento já tenham sido supostamente ajustados para a urbanização. Quando corrigido de maneira adequada em consequência do efeito das ilhas urbanas de calor, o índice de aquecimento registrado na Terra desde 1980 caiu quase à metade.

Dois meteorologistas holandeses, Jos de Laat e Ahilleas Maurellis, chegaram a uma conclusão semelhante antes, usando dados diferentes e uma metodologia de teste distinta (parte envolveu a utilização de um modelo climático do IPCC).[38] Eles mostraram que existe uma correlação estatística importante entre os padrões geográficos de aquecimento e o desenvolvimento industrial, uma correlação que não é simulada pelos modelos climáticos do IPCC. Assim como McKitrick e Michaels, eles descobriram que a tendência de correlação do aquecimento global era aumentar; logo, essas temperaturas medidas devem ser corrigidas para baixo.

Não é preciso dizer que o IPCC rejeita esses dois estudos em seu Quarto Relatório de Avaliação de 2007. O IPCC afirma que o ajuste do efeito das ilhas urbanas de calor é negligenciável e que não existe quase nenhuma distorção nas temperaturas não corrigidas, citando estudos feitos por outros climatologistas.[39]

Isso instigou McKitrick — que é revisor externo do relatório, e fez extensos comentários críticos à posição do Painel — a acusar o IPCC de fabricação de dados, que discutirei posteriormente neste capítulo.

Usando o resultado de McKitrick e Michaels, de que o índice de aquecimento da superfície da terra desde 1980 deve ser reduzido à metade em consequência da urbanização, a queda correspondente pós-1980 do índice do aquecimento global é de cerca de um quarto (25%).[40] A correção do aquecimento global só é menor nas regiões terrestres, já que os oceanos estão aquecendo em um índice menor e não apresentam efeito das ilhas urbanas de calor.

Como a urbanização pode ser vista desde o século XIX — embora tenha se acelerado nos últimos anos — é muito provável que o índice do aquecimento global para todo o período, desde 1850, tenha sido superestimado pelo mesmo fator, e não apenas pelo índice de aquecimento de 1980. Isso significa que a estimativa feita do aumento de temperatura pelo IPCC de 0,8° Celsius (1,4° Fahrenheit) para o período moderno recente é muito alta e deve ser reduzida em um quarto, ou seja, para 0,6° Celsius (1,1° Fahrenheit).

O exagero de um terço[41] no aumento da temperatura global talvez não pareça, mas é, sem qualquer sombra de dúvida, algo muito importante. O argumento do IPCC de que somente a variabilidade não é capaz de explicar o aumento observado nas temperaturas mundiais torna-se muito mais fraco, se esse acréscimo for superestimado em um terço, ou 0,2° Celsius (0,4° Fahrenheit), sem mencionar os modelos climáticos do IPCC, que têm muito menos validade.

Alguns céticos sustentam que o exagero na estimativa da temperatura é maior que um terço. Mesmo sendo de um terço, esse excesso tem origem, no mínimo, em bases científicas equivocadas — que levaram o IPCC a fazer diversas previsões injustificáveis de consequências desastrosas do aquecimento global esperado na Terra. A boa ciência exige honestidade intelectual, inclusive a correção de dados distorcidos.

Outras evidências de distorção nas temperaturas na Terra vêm dos dados provenientes de satélites. Os satélites existentes em órbita em torno da Terra são capazes de medir a temperatura de modo preciso na terra e no mar, com exceção de pequenas regiões próximas aos Polos Norte e Sul, em virtude das micro-ondas. Essas medidas também estão sujeitas a distorções causadas pelo deslocamento do satélite em sua órbita e por outros fatores; mas tudo isso é bem conhecido e pode ser corrigido com facilidade.

Os satélites obtêm amostras da temperatura global de maneira uniforme, ao contrário dos termômetros localizados na terra que colocam todo seu peso em regiões desenvolvidas e urbanas. Considerando o efeito das ilhas urbanas de calor, os dados de satélite, portanto, mostram um aquecimento menor que os registros feitos na superfície da Terra, que o IPCC utiliza. Essa é a razão pela qual o IPCC, com certeza, escolheu não incluir as medidas de temperatura de satélite em suas estimativas dos índices de aquecimento global recentes, ainda que existam dados disponíveis desde 1979 (Figura 3.1).

Na verdade, o índice de aquecimento terrestre das medidas dos satélites é quase tão baixo quanto o índice de aquecimento corrigido das ilhas de calor, com base nos termômetros de McKitrick e Michaels. [37] Portanto, ou os dados dos satélites estão errados, no que ninguém — alarmistas ou céticos — acredita, ou a contaminação urbana provoca distorções nos dados da superfície, que o IPCC ignora.

Outra evidência de que o IPCC exagerou no aumento das temperaturas globais, sobretudo no período após 1980, é a queda súbita do número de estações de mensuração de temperatura ocorrida na década de 1990 e calculada de 5 mil a 2 mil.[44] Muitas dessas estações estavam em regiões frias do globo, como as regiões árticas da antiga União Soviética, que entrou em colapso em 1989, ocasionando o fechamento de estações meteorológicas remotas cuja manutenção era muito cara.

Figura 3.1: Os registros da temperatura por satélite

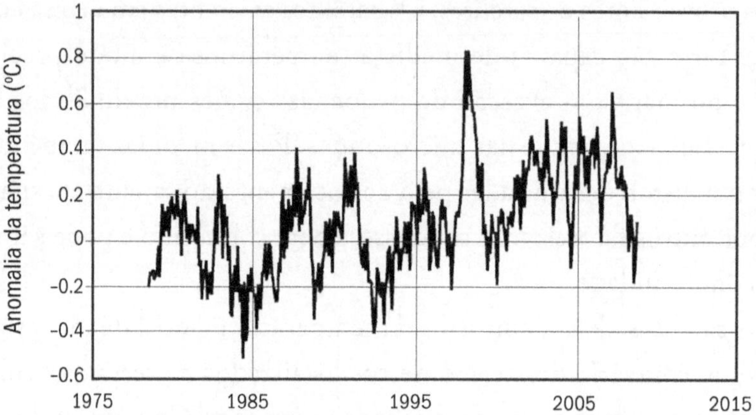

Fonte: adaptada de Hayden;[42] *dados da temperatura da Universidade do Alabama em Huntsville.*[43]

A perda abrupta de estações em regiões frias teria certamente elevado a temperatura média mensurada nas estações remanescentes. Ainda assim, essa questão nunca foi abordada pelo IPCC, cuja intenção é provar, de qualquer forma possível, que o aquecimento global provém da atividade humana. Como o nível do CO_2 atmosférico tem sido ascendente nos últimos anos, a temperatura deveria estar seguindo o mesmo padrão, se a hipótese do CO_2 explicasse o aquecimento. Então, para o IPCC, qualquer aumento das temperaturas recentes está garantido, não importando as evidências contrárias.

A controvérsia do "taco de hóquei"

Muito pior que o exagero de um terço no aumento atual da temperatura foi o escândalo da "controvérsia do taco de hóquei" (o nome emprestado do formato da curva do gráfico apresentado pelo IPCC) — uma tentativa ultrajante feita pelo IPCC de distorcer os dados históricos de temperatura para adequá-los ao seu programa político. O episódio está bem-documentado mais adiante, mas vale a pena repetir aqui.

O escândalo surgiu porque o IPCC precisava validar sua hipótese sobre a relação entre o aquecimento global e o CO_2 produzido pelo homem. Vimos como essa hipótese baseia-se em tendências similares nos registros modernos de aumento da temperatura e no nível de CO_2 (Figura 2.1). Se a hipótese e os modelos climáticos computacionais que dela dependem fossem lógicos, então a temperatura e o CO_2 deveriam, historicamente, acompanhar um ao outro e não apenas nos últimos 160 anos.

O problema dessa suposição é que nos últimos dois mil anos a temperatura e o nível de CO_2 *não* seguem um ao outro (Figura 3.2). A temperatura flutuou, subiu e desceu, mas quase não houve alteração na concentração de CO_2 até a época recente — a controvérsia do nível constante do CO_2 à qual me referi no capítulo anterior.

Como esse dado histórico foi obtido?

A medida da temperatura usando termômetros científicos modernos data apenas do início do século XVIII, e a determinação exata do nível de CO_2 só foi possível por volta dos últimos cinquenta anos. Os dados da temperatura e dos níveis de CO_2 provêm dos conhecidos métodos *proxy**, ou de medidas indiretas usando fontes como anéis das árvores, núcleos de gelo, fósseis de folhas e furos de sondagem.

Cada um desses métodos *proxy* tem suas limitações. Embora o método *proxy* mais usado em geral para temperatura seja o uso de dados dos anéis de crescimento das árvores, alguns paleoclimatologistas (climatologistas que estudam o passado) acreditam que os anéis das árvores

* São métodos em que se emprega o uso de dados *proxy*, ou seja, dados relacionados ao clima obtidos por meio indireto, de registros locais — como anéis de árvore ou núcleos de gelo, por exemplo —, que são interpretados utilizando princípios físicos e biofísicos e representam uma combinação de variações relacionadas ao clima no passado.

não sejam indicadores confiáveis. Isso porque a espessura dos anéis das árvores sofre efeito não só da temperatura, como também de outros fatores como umidade e CO_2. No entanto, os dados apresentados na Figura 3.2 não se baseiam nos anéis das árvores.

O período de aquecimento observado com clareza em torno do ano 1000 é conhecido pelos historiadores como Período Quente Medieval, uma época em que condições mais quentes que o normal foram observadas em muitas partes do mundo. O período de resfriamento concentrado em torno de 1650 foi rotulado de Pequena Idade do Gelo, também mencionado em diversos registros históricos. Mas não há nenhum sinal desses períodos de aquecimento e resfriamento nos dados do CO_2 da mesma época, baseados em *proxy* de núcleos de gelo.

Como mencionei, essa discrepância constitui um problema para a visão do aquecimento global do IPCC. Para a hipótese do CO_2 estar correta, os níveis de CO_2 e de temperatura devem andar lado a lado, em *todos* os períodos de tempo, inclusive nos últimos dois mil anos.

Por mais estranho que pareça, o IPCC não percebeu esse problema no seu Segundo Relatório de Avaliação, divulgado em 1995, que apresentou um gráfico da temperatura dos últimos mil anos que, além de mencionar o Período Quente Medieval e a Pequena Idade do Gelo, os indicava com clareza (Figura 3.3).

Ainda assim, o Terceiro Relatório de Avaliação, em 2001, contou uma história radicalmente diferente. De repente, o Período Quente Medieval e a Pequena Idade do Gelo desapareceram! Em seu lugar havia um gráfico de aparência bastante plana (Figura 3.4) com alguns aumentos e diminuições de temperatura até o início do crescimento atual, em torno de 1900 — um gráfico que hoje tem uma semelhança extraordinária com o moderno registro de CO_2 resultando numa curva em forma de um taco de hóquei.

Figura 3.2: Temperaturas e CO_2 nos últimos 2 mil anos

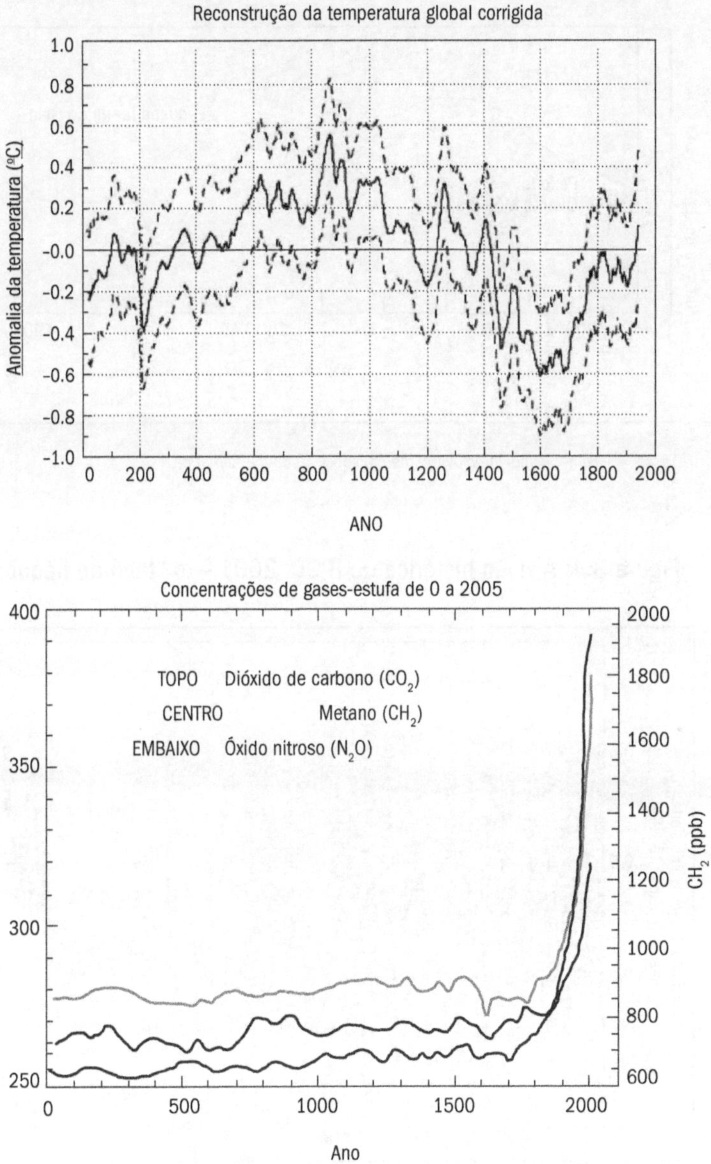

Fontes: Temperatura (apresentando 95% de intervalo de confiança) – Loehle e Mcculloch;[45] *Gases-estufa – Painel Intergovernamental (IPCC).*[46]

Figura 3.3: A visão histórica do IPCC, 1995

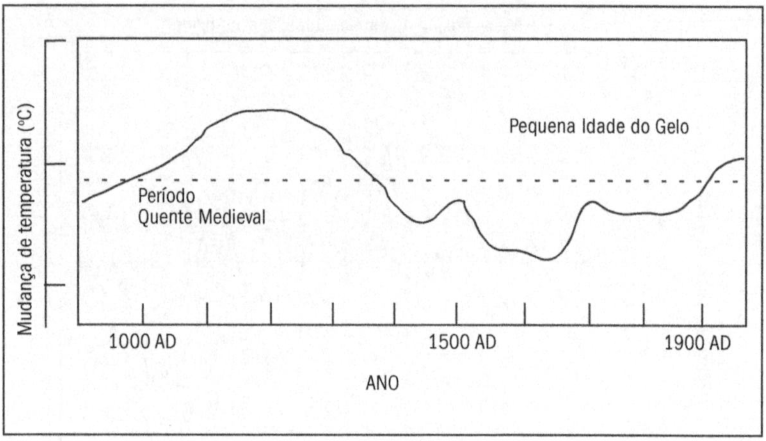

Fonte: Painel Intergovernamental sobre Mudança Climática.[49]

Figura 3.4: A visão histórica do IPCC, 2001 — o "taco de hóquei"

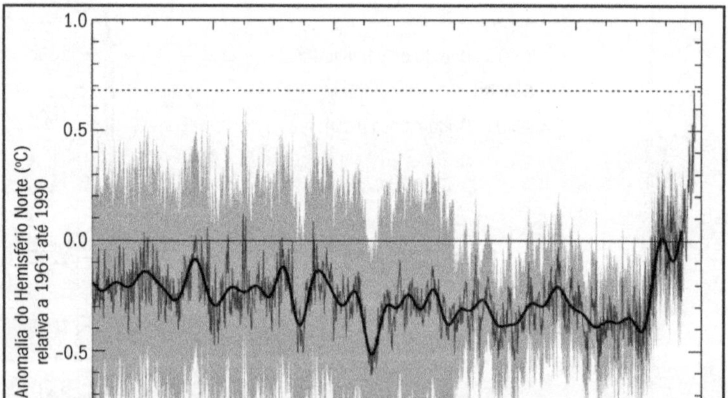

Fonte: Painel Intergovernamental sobre Mudança Climática.[50] *Observe que a escala de tempo horizontal alinha-se de maneira aproximada com a figura 3.3 anterior.*

Mágica! Num só golpe, o IPCC resolveu seu problema. Como o registro de temperatura nos últimos dois mil anos de fato mostrou o mesmo comportamento que o nível de CO_2 (e de outros gases-estufa), o IPCC podia agora proclamar que estava certo ao afirmar que o aquecimento era causado pelo homem. Se o Painel estava ao mesmo tempo reescrevendo a história, então nada havia a contestar.

O gráfico do taco de hóquei era o resultado de um trabalho de um grupo liderado por Michael Mann, um dos colaboradores principais do IPCC na época da Universidade da Virginia, que em 1998 e 1999 reconstruiu temperaturas históricas para o período entre 1000 e 1900, usando quase exclusivamente dados de anéis de árvores. Mann e seu grupo enxertaram então o registro de termômetro do século XX nesse registro *proxy* pré-1900.[47]

Não importa que os anéis das árvores sejam considerados um *proxy* impreciso para as temperaturas passadas, nem que os registros do século XX sejam exagerados pelo efeito das ilhas urbanas de calor, como acabamos de ver. O gráfico de Mann teve um impacto visual e político imediato. Ao eliminar o Período Quente Medieval e a Pequena Idade do Gelo, o "taco de hóquei" não apenas justificava o que os alarmistas do aquecimento global vinham dizendo, como também dava um impulso à hesitação governamental em adotar o Protocolo de Kyoto das Nações Unidas, firmado em 1997, que limita as emissões de CO_2.

Ainda assim, esse triunfo aparente do modelo de aquecimento global do IPCC estava prestes a ruir por completo, com a subsequente revelação de que — sim, você adivinhou — o IPCC era culpado de grave manipulação de dados, de distorcer dados científicos por um interesse posterior.

Os estudos de Mann e o taco de hóquei foram inicialmente desacreditados, em 2003, pelo estatístico canadense Stephen McIntyre e pelo economista Ross McKitrick (coautor dos estudos de ilhas urbanas de calor, discutidos anteriormente), que descobriram que as conclusões de Mann baseavam-se em análises estatísticas falhas, assim como em outros erros.[48] Na verdade, McIntyre e McKitrick mostraram que podiam produzir quase sempre um "taco de hóquei", mesmo a partir de dados aleatórios e completamente sem sentido. Em suas palavras,

> A forma particular de "taco de hóquei" originada da construção *proxy* de Mann... é, sobretudo, um artefato da má manipulação de dados, de dados obsoletos e de cálculo incorreto dos componentes mais importantes.[51]

Os autores acrescentaram que os estudos de Mann dependiam muito de um pequeno subconjunto de dados de anéis de árvores — espessuras de anéis de pinheiros *bristlecone* norte-americanos, altamente questionáveis como temperaturas *proxy* confiáveis, em virtude de um crescimento repentino inexplicável do século XX. A omissão desse subconjunto de pinheiros *bristlecone*, que representa apenas um entre os cem conjuntos de dados incluídos na análise original, restabelece o aquecimento medieval e demonstra a inverdade da afirmativa do IPCC de que nossa tendência de aquecimento atual é excepcional em comparação aos séculos precedentes.

Em 2006, cinco anos antes da publicação do relatório do IPCC sobre o "taco de hóquei", uma equipe de estatísticos indicada pelo U.S. House Committe on Energy and Commerce descobriu que as análises estatísticas de Mann eram "um pouco obscuras e incompletas", e que as críticas feitas por McIntyre e McKitrick eram "válidas e convincentes".[52] A equipe também acusou o IPCC de politizar o trabalho de Mann.

Quase na mesma época, o U.S. House Committe on Science, encarregado pelo National Research Council (NRC) da National Academy of Science de informar os dados da temperatura dos últimos dos mil anos, chegou a conclusões similares. O relatório do NRC afirma:

> As reconstruções da temperatura na superfície em larga escala produziram um cenário compatível, em geral, com as tendências das temperaturas durante o milênio precedente, inclusive as condições relativamente quentes concentradas em torno de 1000 d.C. (identificadas por alguns como "Período Quente Medieval") e o período relativamente frio ("Pequena Idade do Gelo"), concentrado em torno de 1700. A existência e a extensão da Pequena Idade do Gelo desde cerca de 1500 a 1850 apoia-se em uma ampla variedade de evidências como núcleos de gelo, anéis de árvores, temperaturas de furos de sondagem, registros de comprimento de glaciares e documentos históricos. As evidências de aquecimento regional durante a época medieval podem ser encontradas em um conjunto variado de registros, porém mais limitado, incluindo núcleos de gelo, anéis de árvores, sedimentos marinhos e fontes históricas...[53]

Apesar da ampla acusação ao seu trabalho, Mann — um paleoclimatologista e não um estatístico — continuou a argumentar a favor da legitimidade do gráfico em "taco de hóquei". Em uma etapa de sua reconstrução da temperatura, ele defendeu a ausência do Período Quente Medieval e da Pequena Idade do Gelo, dizendo que eram fenômenos locais, e não globais, e que se restringiam a pequenas regiões do Hemisfério Norte. Essa explicação não tem fundamentos sólidos porque existem amplas evidências históricas em todo mundo, inclusive no Hemisfério Sul, da existência de ambos os períodos climáticos.[54]

Em 2008, o grupo de Mann publicou um novo estudo reconstruindo as temperaturas desde o ano 700,[55] mas sem a utilização dos dados de anéis de árvores que constituíram a base dos estudos anteriores, desde o ano 1000. Embora os últimos artigos admitam a ocorrência de no mínimo um pequeno aquecimento medieval, Mann afirmou, em uma entrevista, que, longe de estar quebrado, "o 'taco de hóquei' ainda vive, e bem".[56]

Entretanto, McIntyre e McKitrick continuam a investigar a pesquisa e existem indicações preliminares de que o novo estudo de Mann possa ter uma análise estatística tão falha quanto os artigos de 1998 e 1999.

Ainda não se sabe o que o IPCC fará com o trabalho recente de Mann. O Quarto Relatório de Avaliação de 2007 admitiu, de má vontade, que o gráfico do "taco de hóquei" no relatório de 2001 era controverso e que uma reconstrução mais cuidadosa dos registros de temperatura precisava de fato apresentar as condições do aquecimento medieval e de resfriamento durante a Pequena Idade do Gelo.[57] Entretanto, em um artigo publicado em 2005 pela Universidade de Oklahoma, o geocientista David Deming[58] não deixa dúvidas de que, em 2001, o IPCC explorava o "taco de hóquei" para seus próprios fins.

Deming estabeleceu sua credibilidade entre os alarmistas com um artigo anterior, no qual suas análises dos dados da temperatura por furos de sondagem pareceram sustentar a teoria do CO_2 do aquecimento global do IPCC, embora ele tenha concluído que a variabilidade natural não poderia ser excluída como causa do aquecimento. A pesquisa foi suficiente, no entanto, para admitir Deming no clube dos alarmistas:

> Com a publicação do artigo na *Science*... Eles pensaram que eu era um dos deles, alguém que podia distorcer a ciência a serviço de causas sociais e políticas. Então, um desses alarmistas baixou a guarda. A pessoa mais importante trabalhando na área da mudança climática e da hipótese do aquecimento global enviou-me um *e-mail* impressionante no qual dizia: "Precisamos nos livrar do Período Quente Medieval".[59]

Como vimos, eliminar o Período Quente Medieval e a Pequena Idade do Gelo era essencial, se o IPCC quisesse equiparar o registro da temperatura com o nível de CO_2 nos últimos dois mil anos (Figura 3.2), e com isso confirmar sua hipótese de que o aquecimento global é provocado pela atividade humana. Desse modo, a curva do "taco de hóquei" de Mann, por mais errônea e frustrante que seja, deve ter parecido um presente de Deus.

Felizmente para a ciência, o mundo despertou desse caso particular de deturpação do IPCC e o "taco de hóquei" é, atualmente, bastante desacreditado.

Escolha seletiva de dados: CO_2 crescente

Uma das regras do método científico, com muita frequência negligenciada, consiste na necessidade de considerar *todos* os dados. Isso implica que você não pode ignorar qualquer evidência que não se adeque à sua teoria ou verifique sua hipótese, simplesmente por ser inconveniente (Al Gore, por favor, anote isso!).

Eu fiz pesquisa científica e sei como é tentador rejeitar dados de que não gostamos, por alguma razão. Talvez você tenha observado algo que entra em conflito com o que outra pessoa detectou, ou talvez não possa desenhar, com os dados indicados pelo gráfico, a linha de tendência que quer, sem eliminar outras informações.

Mas, nos círculos científicos, é inaceitável ignorar ou excluir *quaisquer* observações experimentais, a não ser que tenha ocorrido um erro claro que exija a repetição da medida, ou uma tendência em dados que não possam ser corrigidos — como os dados históricos. Todos os outros dados são mantidos, mesmo que não possam ser totalmente explicados.

Infelizmente, o IPCC tem sido muito seletivo com os dados que utiliza para reforçar seu ponto de vista de que o aquecimento global é um fenômeno provocado pelo homem. Essa escolha pode ser vista em muitas áreas, entre as quais os dados do CO_2 disponível são um exemplo importante.

Lembre-se de que a hipótese do CO_2 que afirma ser o aquecimento global consequência direta de atividade humana une a tendência ascendente das temperaturas mundiais aos níveis de CO_2 na atmosfera. Acabamos de ver como o IPCC tentou aplainar as pequenas curvas dos registros históricos de temperatura para moldá-los aos registros de CO_2, conduzindo à infame controvérsia do "taco de hóquei". O Painel também não foi nem um pouco honesto na utilização dos dados históricos de CO_2.

Para o IPCC, o problema dessa vez não era a forma do gráfico do CO_2 nos últimos dois mil anos (Figura 3.2), mas o nível de CO_2 na porção plana ou constante do gráfico — no período até quase 1850, quando a concentração de CO_2 começou sua ascensão atual em virtude da industrialização. Se o nível pré-industrial constante era maior do que diz o IPCC, cerca de 280 partes por milhão,[60] o aumento hoje não é tão grande como pensamos, e o IPCC exagera mais uma vez.

Grande parte dos dados de CO_2 apresentados nas Figuras 3.2 e 2.1 (ilustrando apenas o período moderno) deriva de *proxy* de núcleos de gelo, mas, esses não são os únicos dados disponíveis. Existe um grande conjunto de mensurações de níveis de CO_2 no Hemisfério Norte, entre 1812 e 1961, entre outras observações, baseadas em análise química (Figura 3.5).

Figura 3.5: Dados de CO_2 ignorados pelo IPCC

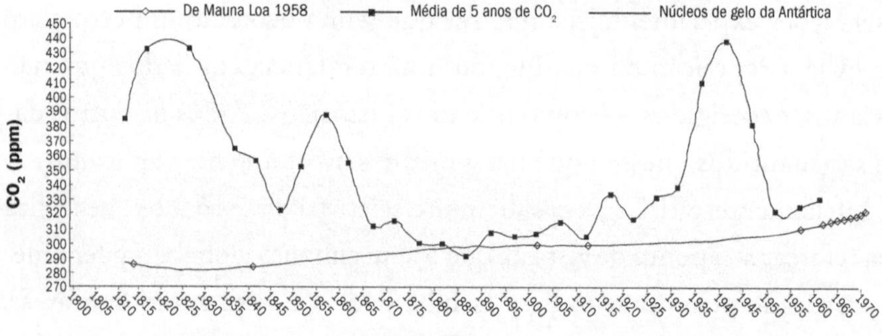

Fonte: Adaptado de Beck.[61] Os dados de núcleos de gelo antártico na parte inferior do gráfico são semelhantes ao apresentado na Figura 2.1.

Logo, fica óbvio que as medidas químicas mostram uma tendência totalmente diferente dos dados *proxy* dos núcleos de gelo, derivados de medidas óticas modernas e incluídos no mesmo gráfico para serem comparados. No ponto em que os números dos núcleos de gelo mostram um nível crescente e lento de CO_2, os dados químicos mostram enormes flutuações no mesmo período.[62] E a concentração média de CO_2, com base nos dados químicos, de 321 partes por milhão para o período até 1900, é muito maior do que o nível pré-industrial do IPCC de 280 partes por milhão deduzido dos núcleos de gelo.

Que conjunto de dados está correto?

Parece, à primeira vista, que a curva suave de CO_2 nos núcleos de gelo, na Figura 3.5, corresponde melhor à tendência existente dos registros de temperatura (Figura 2.1) do que os dados de CO_2 derivados dos métodos químicos.[63] Esse é o motivo pelo qual o IPCC , a fim de sustentar sua hipótese sobre o CO_2 e o aquecimento global, achou que se adequava com perfeição e ignorou completamente as medidas químicas — no mínimo 70 mil em um período de 150 anos — para citar apenas dados de núcleos de gelo em seus relatórios, quase sem mencionar a existência de qualquer outro dado de CO_2.

Essencialmente, não foi apenas o IPCC que ignorou os dados químicos na Figura 3.5. Retroagindo a 1939, o engenheiro britânico Guy Callendar selecionou, de forma arbitrária, um pequeno subconjunto dessas medidas químicas de CO_2 para sustentar sua afirmação de que o nível de CO_2 aumentara desde o século XIX, promovendo o incremento da temperatura[64] — Callendar foi um dos primeiros a acreditar na hipótese do CO_2.

Na essência, Callendar rejeitou todas as observações químicas, com exceção dos números baixos que, como os últimos dados de núcleos de gelo, mostram um aumento suave no nível de CO_2. Mas a validade estatística dessa escolha de dados foi questionada logo depois,[65] em um precedente sinistro do desmascaramento recente do "taco de hóquei". Enquanto a crítica admitiu que a escolha seletiva do CO_2 não refutava as afirmações de Callendar sobre a temperatura e o CO_2, ele destacou que os dados disponíveis também não confirmavam.[66]

O único motivo para a escolha altamente seletiva de Callendar dos dados de CO_2, endossada anos depois pelo IPCC, ser duradoura, é aparentemente ser tão compatível com aos dados de núcleos de gelo. Não passa de pura sorte, pois as medidas do nível de CO_2 de núcleos de gelo não são tão precisas como pensamos.[67]

Ao chegar ao nível pré-industrial de CO_2, 280 partes por milhão, o IPCC escolheu desconsiderar não apenas as medidas químicas dos séculos XIX e XX, como também os dados iniciais do tamanho dos estômatos — pequenas aberturas nas folhas das árvores que aumentam e diminuem à medida que varia o CO_2 da atmosfera.

Embora algumas medidas de estômatos sejam compatíveis com os registros de núcleos de gelo,[68] outros dados não são e indicam uma concentração pré-industrial de CO_2 alta de até 340 partes por milhão,[69] comparáveis aos níveis derivados dos dados químicos na Figura 3.5.

Alguns climatologistas desprezam todos os dados históricos *proxy*, inclusive de núcleos de gelo, para o CO_2 e a temperatura, dizendo que os métodos usados para obtê-los são indiretos e pouco confiáveis. Isso é uma posição científica válida a ser tomada, mas o problema que cria para o debate sobre aquecimento global é que a falta de *proxy* nos deixa com informações insuficientes para tirar conclusões no momento. Meu ponto de vista é que os *proxy* podem ser úteis, mas não devem ser mais importantes que as medidas diretas, como os dados químicos que acabo de discutir.

E como as medidas de temperaturas estão sujeitas à distorção pelo efeito das ilhas urbanas de calor, os níveis existentes de CO_2 podem ser

TABELA 3.1: AS BASES CIENTÍFICAS EQUIVOCADAS DO IPCC – MANIPULAÇÃO DE DADOS

A interpretação dos dados climáticos feita pelo IPCC

- O aquecimento global é de quase 0,8° Celsius (1,4° Fahrenheit) desde 1850.
- A índice de aquecimento desde 1980 é o maior de todos os tempos.
- A temperatura e o nível de CO_2 na atmosfera sempre andaram lado a lado, em todas as épocas – passado e presente. Isso é necessário para a hipótese de CO_2.
- A quantidade de CO_2 na atmosfera aumentou quase 40% desde o nível de base pré-industrial.

O QUE HÁ DE ERRADO COM ESTA CIÊNCIA?

1. O aquecimento global é *exagerado* em quase um terço, ou 0,2° Celsius (0,4° Fahrenheit), porque o IPCC ignorou a distorção no aquecimento causada pelas temperaturas artificialmente elevadas medidas em áreas urbanas. A distorção está coerente com os dados de satélite que apresentam um aquecimento menor.
2. O IPCC *inflou* o último índice de aquecimento, ignorando essa distorção e não levando em consideração o fechamento das estações meteorológicas nas regiões frias do mundo em 1990.
3. Para equiparar a temperatura ao nível de CO_2 ao longo dos últimos dois mil anos, o IPCC *reescreveu a história*, eliminando os bem estabelecidos Período Medieval Quente e a Pequena Idade do Gelo, criando o equivocado gráfico do "taco de hóquei".
4. Para coincidir a temperatura e os registros de CO_2 desde 1850, o IPCC escolheu os dados de CO_2 disponíveis, como forma de exagerar o aumento do CO_2. O ganho real em relação ao período pré-industrial é metade do aumento declarado pelo IPCC.

contaminados pela presença de fontes de CO_2 vizinhas, naturais e feitas pelo homem. Por esse motivo, os dados de CO_2 são sempre tomados de lugares bem distantes das florestas e de outras áreas verdes, que produzem CO_2 temporariamente durante a respiração noturna e muito longe de qualquer atividade industrial.

Pelo menos o IPCC cuida de eliminar a distorção dos dados de CO_2 em suas medidas de temperatura.

Uma observação aceita por alarmistas e céticos é que o *background** atual de CO_2 está em torno de 390 partes por milhão, um número baseado em tecnologias modernas altamente apuradas, e que continua a aumentar.[70] Mas a questão científica importante é se esse nível subiu quase 40% de uma base pré-industrial de 280 partes por milhão, como insiste o IPCC, ou cresceu menos, partindo de uma base maior, de 320 partes por milhão ou mais.

A ciência legítima considera todos os dados. Se fizermos isso, o aumento do CO_2 atmosférico de 320 para 390 partes por milhão, desde 1850, é quase metade (22%) da escolha seletiva de dados informada pelo IPCC, com base apenas nos dados de núcleos de gelo. Isso significa que as estimativas do IPCC do aumento de temperatura provocado pelo CO_2 produzido pelo homem precisam ser reduzidas — e que a variabilidade natural pode explicar grande parte, senão todo, aquecimento global ocorrido.

Vimos agora três exemplos distintos de como o IPCC abandonou qualquer pretensão de seguir as regras científicas para chegar à sua posição de que os seres humanos provocaram o aquecimento global — ignorando distorções nos registros modernos de temperatura, tentando distorcer temperaturas históricas, e sendo altamente seletivo sobre o uso

---

* Conhecido em português como nível de fundo, ou concentração existente no ambiente, ausência de fontes significativas na proximidade imediata.

dos dados de CO_2. Se esses registros forem submetidos como parte da tese científica de um aluno PhD de uma instituição respeitável, qualquer um desses esforços seria suficiente para reprová-lo.

Mas ainda tem mais. Veremos na próxima seção que o IPCC não só desrespeita os procedimentos aceitos para coletar dados científicos como também se inclina a práticas obscuras e corrompidas para apresentar e publicar esses dados.

A CORRUPÇÃO

Partindo do pressuposto tendencioso de crer no aquecimento global provocado pelo homem, o IPCC — ajudado pelos aliados alarmistas existentes na população em geral — não poupou esforços para tentar suprimir evidências científicas contrárias e reprimir os pontos de vista dos críticos. Essa linha de ataque estendeu-se à desonestidade flagrante como acabamos de ver, chegando a fazer afirmações fraudulentas.

Inventando evidências

Como discutimos anteriormente neste capítulo, o relatório de 2007 do IPCC minimiza a influência da urbanização nos registros de dados de temperaturas. Imagine sua surpresa, então, quando os novatos McKitrick e Michaels publicaram seu estudo estatístico detalhado mostrando que o efeito das ilhas urbanas de calor contribui para quase metade do aumento de temperatura medido na Terra em relação ao do aquecimento global![71]

Talvez na esperança de silenciar qualquer comentário público feito por McKitrick, o IPCC nomeou-o revisor externo de parte de seu relatório. No entanto, seus esforços não deram certo, porque McKitrick não apenas submeteu extensos comentários em apoio às conclusões que ele e Michaels haviam obtido, como também retaliou abertamente o IPCC quando esses comentários foram ignorados.[72]

Para explicar a razão pela qual aceitou o convite do IPCC para servir de revisor, McKitrick diz:

> A contaminação dos dados climáticos da superfície é um problema potencialmente sério para o IPCC. As conclusões sobre os níveis de aquecimento global e o papel dos gases-estufa baseiam-se na afirmação de que os modelos de ajuste trabalham com perfeição [...] a mensagem central do IPCC depende da afirmação de que o conjunto de dados do clima na superfície não está contaminado. E quando começaram a escrever o Quarto Relatório Anual de Avaliação, tinham diante de si um conjunto de artigos que comprovavam a contaminação dos dados.[73]

O relatório do IPCC despreza o estudo de McKitrick e Michaels, com a afirmativa falsa de que grande parte das medidas de temperatura global já foi ajustada de maneira adequada em relação à urbanização e apenas uma correção adicional muito pequena é necessária. McKitrick escreveu uma longa crítica a essa opinião, apoiado em fortes evidências contrárias ao estudo, durante a elaboração do relatório.

O que aconteceu em seguida é surpreendente, mas característico do modo de operar do IPCC. Confrontado com evidências publicadas por um de seus próprios revisores de que o efeito das ilhas de calor contamina as temperaturas globais, eles banalizaram a evidência da hipótese de que o aquecimento urbano possa ser totalmente atribuído a causas naturais. Em comentários disponíveis para o púbico, na segunda versão do relatório, os autores do IPCC afirmam que o efeito das ilhas urbanas de calor é insignificante e que qualquer aquecimento urbano provém da "...intensificação da Oscilação Ártica e da maior sensibilidade da terra que a do oceano ao forçamento do efeito estufa em consequência da menor capacidade térmica da terra".[74]

Essa afirmação ilógica é um completo absurdo. A Oscilação Ártica constitui um padrão de circulação de vento que afeta as tendências climáticas de longo prazo no Ártico, mas não tem nenhuma relação com o efeito das ilhas de calor em áreas urbanas. E a comparação da terra com o oceano é irrelevante, pois McKitrick e Michaels estudaram apenas temperaturas na terra.

Mas o IPCC não parou por aí. Ao referir-se à forte ligação que McKitrick e Michaels encontraram entre as temperaturas e a atividade econômica local, a versão final do relatório declara:

> Entretanto, os lugares de maior desenvolvimento socioeconômico também são aqueles que têm sido mais aquecidos pelas mudanças de circulação atmosférica (Seções 3.2.2.7 e 3.6.4), o que apresenta grande coerência. Sendo assim, a correlação entre o aquecimento e o desenvolvimento socioeconômico e industrial deixa de ser importante do ponto de vista estatístico.[39]

Aqui o IPCC admite a correlação entre as tendências de aquecimento e o desenvolvimento socioeconômico, referindo-se à industrialização e à urbanização, mas despreza a correlação como mera coincidência decorrente de "alterações de circulação atmosférica" inespecíficas. Isso faz parte do jargão prolixo da Oscilação Ártica que os autores do IPCC invocaram anteriormente no processo de escrita do relatório, pois as duas seções citadas não falam sobre o desenvolvimento industrial ou urbano.

No entanto, o comentário mais escandaloso é a segunda frase do fragmento citado anteriormente, sustentando que as evidências de

McKitrick e Michaels de uma correlação definitiva entre o aumento das temperaturas e a urbanização são insignificantes do ponto de vista estatístico. McKitrick demonstrou, em um estudo posterior, incluindo especificamente quatro padrões de circulação (de ventos) atmosférica importantes, que a verdade é exatamente o oposto; ou seja, a correlação é, de fato, estatisticamente importante e as temperaturas medidas estão fortemente ligadas à urbanização.[75]

A afirmação contrária, feita pelo IPCC, constitui um abuso flagrante da ciência e da metodologia científica. Não apenas o painel das Nações Unidas rejeitou evidências científicas sólidas dos estudos anteriores de McKitrick e Michaels, como fez isso com base em inexistentes evidências contrárias de padrões de ventos. Nas palavras de McKitrick, isso contribui para a "invenção" e é uma "evidente fabricação" do IPCC.[72]

Os dados fraudulentos

Criar evidências fictícias para sustentar argumentos falaciosos sobre ilhas urbanas de calor não é um caso isolado de fraude cometida pelo IPCC. Outro exemplo que veio à luz recentemente também envolve o efeito da urbanização nas temperaturas globais e está relacionado à fabricação dos dados brutos atuais; embora, dessa vez, o suposto criminoso seja um cientista do clima, do IPCC, e não o próprio IPCC.

A transgressão é tão grave que levou à declaração formal de fraude contra o cientista, Wei-Chyung Wang, professor na State University of New York, em Albany. A declaração foi feita originalmente à universidade, em agosto de 2007, pelo pesquisador matemático do Reino Unido Douglas Keenan. Após uma investigação interna, na universidade, que afirmou não encontrar evidências de fraude, Keenan acusou-a de "aparente encobrimento da verdade" e levou o caso à Promotoria Geral do

Estado, renovando a declaração em julho de 2008.[76] A queixa está atualmente sendo reexaminada.

A suposta fraude envolve dois artigos de pesquisa de coautoria de Wang, nos quais ele faz uma comparação entre temperaturas coletadas em estações meteorológicas urbanas e rurais na China, entre 1954 e 1983. Wang era o principal autor de um dos artigos[77] e forneceu os mesmos dados chineses a outro artigo, que também incluía dados da temperatura de áreas rurais na antiga União Soviética e na Austrália.[78]

A intenção era investigar o efeito das ilhas urbanas de calor em um país populoso que não fosse os Estados Unidos, em que uma tendência de aumento importante de temperatura em decorrência da urbanização já tivesse sido demonstrada. Se uma tendência similar fosse encontrada na China, isso acrescentaria um peso considerável à ideia de que o efeito das ilhas de calor afeta as medidas de temperatura no mundo inteiro. Se houvesse pouca ou nenhuma diferença entre os dados chineses dos centros urbanos e rurais, então os resultados nos Estados Unidos poderiam ser desprezados como atípicos. Muita coisa estava em jogo por causa desses dois estudos.

Ambos os artigos incluíam a afirmação de que as estações meteorológicas foram escolhidas "...com base na história das estações: as escolhidas tinham relativamente pouca, se existisse alguma, modificação na instrumentação, localização ou nos tempos de observação". Era importante evitar a escolha de qualquer estação que tivesse mudado no período dos últimos 30 anos do estudo, pois a mudança poderia afetar as medidas de temperatura.

Essa afirmação constitui a base das alegações de fraude feitas por Keenan, que acusou Wang de fabricar mais da metade dos históricos das estações — ou seja, criando os próprios dados de temperatura — e mentindo sobre as mudanças das estações.

Os dois artigos de pesquisa consideravam as mesmas 84 estações meteorológicas na China, escolhidas de um conjunto maior de 260 estações identificadas por um projeto conjunto do U.S. Department of Energy (DOE) e da Academia Chinesa de Ciências (CAS) sobre a mudança climática. Infelizmente para Wang, não existiam dados sobre todas essas estações.

O relatório do projeto DOE-CAS, divulgado no ano seguinte à publicação do artigo de Wang, afirma que, para 49 das 84 estações supostamente selecionadas por Wang, "os históricos das estações não estão disponíveis atualmente" e "detalhes acerca da instrumentação, métodos de coleta, mudanças de localização da estação ou tempo de observação... não são conhecidos".[79] Para essas 49 estações, portanto, a afirmação nos artigos publicados, de que foram escolhidas com base nos históricos das estações, não tem possibilidade de estar correta.

E em relação às 35 estações meteorológicas restantes, cujos dados estão disponíveis, mesmo a afirmação de que mudaram pouco também é falsa. Uma análise feita por Keenan revela que muitas dessas estações mudaram diversas vezes durante os trinta anos do estudo; entre essas uma possuía cinco localizações diferentes entre 1954 a 1983, e algumas estavam até a 41 quilômetros de distância.[80] Outra estação, que fazia parte do artigo, estava originalmente no centro de uma cidade e depois mudou para 15 quilômetros mais longe, para uma praia com temperatura mais fresca. Os relatórios DOE/CAS acrescentam:

> Poucos registros das estações incluídas nos conjuntos de dados podem ser considerados de fato homogêneos [sem alterações durante o período de observação]. Mesmo as melhores estações estavam sujeitas a deslocamentos menores ou mudanças no tempo de observação, e muitas tinham passado, sem dúvida, por grandes crescimentos urbanos.[79]

Segundo Keenan, essas mudanças na localização, que podem ter afetado as medidas das temperaturas chinesas usadas nos dois estudos em até

0,4° Celsius (0,7° Fahrenheit),[76] são parte substancial do aumento médio de temperatura com o aquecimento global em todo o mundo.

Juntamente com os supostos dados fictícios usados para outras 49 estações, essas mudanças invalidam de forma evidente o estudo de Wang. Uma exigência feita por Keenan a Wang para repudiar suas descobertas foi ignorada, levando às acusações atuais de fraude.

O outro estudo de coautoria de Wang, no qual o principal autor era o cientista do clima Phil Jones, concluiu — em parte com base nos mesmos dados chineses fabricados — que a urbanização não tem efeito significativo nas temperaturas mensuradas.[78] Esse estudo específico é importante pois foi citado pelo IPCC em seu relatório mais recente como evidência de que o efeito das ilhas urbanas de calor é negligenciável,[81] assim como suas próprias evidências fabricadas discutidas na seção anterior.

Jones, no entanto, mudou de ideia recentemente. Em um novo estudo das temperaturas chinesas, ele relatou não apenas que existiria um efeito de aquecimento urbano forte na China, como também que o aquecimento urbano causado pelo aumento de temperatura em toda a China, entre 1951 e 2004, exagerava em colossais dois terços.[82] Isso é o dobro do terço de exagero do IPCC em relação às temperaturas globais que discuti anteriormente no capítulo. Numa tentativa evidente de se dissociar de Wang e redimir sua própria reputação, Jones não inclui Wang entre os coautores do novo estudo.

Podemos ver até que ponto o IPCC e seus seguidores irão para sustentar sua posição de que o CO_2 produzido pelo homem provoca o aquecimento global. Esse é o segundo caso conhecido de fabricação relacionado às ilhas urbanas de calor, o que significa que a distorção da temperatura decorrente da urbanização é, evidentemente, um grande estorvo para o IPCC em relação aos dados atuais de temperatura, como eram os registros históricos do Período Quente Medieval e da Pequena Idade do Gelo, levando ao deplorável "taco de hóquei".

Os truques sujos do IPCC: a política expulsa a ciência

O IPCC cruza repetidas vezes a linha entre a ciência e a política. Como coloca o importante climatologista Richard Lindzen, do MIT:

> Quando uma questão se torna parte vital do programa político, como é o caso do clima, então a posição politicamente desejável torna-se o objetivo e não a consequência da pesquisa científica. Esse artigo... mostrará... como os cientistas adéquam os dados, e até a teoria, para acomodar posições politicamente corretas...[83]

Em nenhum lugar a corrupção no IPCC é mais visível que no processo de revisão, em que as conclusões de seus cientistas do clima fazem parte dos relatórios publicados pelo painel — relatórios que são a bíblia dos alarmistas do aquecimento global. Embora apenas a distorção do aquecimento global induzido pelo homem encontre-se construída no decreto original do IPCC, a politização e a corrupção do processo de revisão são, até de modo surpreendente, inerentes aos princípios de trabalho do painel. Estes princípios afirmam:

> Mudanças (além de gramaticais ou alterações editoriais menores) feitas após a aceitação, pelo grupo de trabalho ou painel, devem ser aquelas necessárias para garantir a coerência com o sumário dos formuladores de política ou o capítulo de visão geral.[84]

Em outras palavras, a ciência deve ser modificada se precisar estar em conformidade com o resumo e a visão geral, que foram escritos primeiro! É como pedir a um júri que ratifique um veredicto já decidido pelo juiz. No mundo financeiro, isso se chama falsificar os livros de contabilidade.

Vincent Gray, que experimentou, em primeira mão, o processo de escrita do relatório do IPCC por muitos anos, é um revisor desiludido desses relatórios, embora isso se deva, em parte, porque ele faz um número incrivelmente grande de comentários aos relatórios. Gary diz que, no começo, estava convencido de que o IPCC responderia às perguntas de maneira honesta, e o debate científico aconteceria apenas com base nos fatos, lógica e princípios científicos estabelecidos.[85] Mas o que encontrou foi totalmente diferente:

> Questões que precisavam ser aprofundadas e discutidas quase sempre terminaram sem resposta. Os comentários às versões do relatório do IPCC foram rejeitados sem explicação e as tentativas de continuar o assunto ficaram frustradas indefinidamente... a coleta de dados e os métodos científicos empregados não são consistentes. A resistência a todos os esforços de tentar discutir ou retificar esses problemas convenceu-me de que os procedimentos científicos regulares são rejeitados pelo IPCC, e essa prática é endêmica, [...] portanto, eu considero o IPCC fundamentalmente corrupto.[86]

Um exemplo admirável de corrupção no processo de revisão do IPCC ocorreu durante a preparação do Segundo Relatório de Avaliação, em 1995, quando o Painel tentava enfaticamente estabelecer o conceito de uma "influência humana evidente" sobre o clima. Isso foi descrito em detalhes em outro ponto deste livro, então apenas insistiremos nisso brevemente aqui.

Para vincular o aquecimento global ao CO_2 produzido pelo homem, o IPCC tentou aplicar uma técnica conhecida como "*fingerprinting*"*, em

---

* Impressão digital, em português. Esta é uma técnica que consiste na identificação das fontes de produção ou da origem.

TABELA 3.2: AS BASES CIENTÍFICAS EQUIVOCADAS DO IPCC – CORRUPÇÃO

Áreas de flagrante manipulação do IPCC

- Não considerar o efeito da urbanização nas temperaturas globais: dois casos distintos.
- Não considerar os registros históricos da temperatura.
- O processo interno escuso do IPCC na revisão de relatórios antes da publicação.

O QUE HÁ DE ERRADO COM ESSES MODELOS?

1. O IPCC ignora, deliberadamente, evidências estatísticas sólidas de que a urbanização infla de maneira artificial as temperaturas globais, quando esconde a verdade e cita evidências contrárias, não comprovadas, o que acarretou em manifestações internacionais *acusando* o IPCC de falsificação.
2. Também com relação ao efeito da urbanização nas medidas de temperatura, uma *acusação formal de fraude* foi feita a um cientista do IPCC, por suposta falsificação dos dados de temperaturas chineses e por mentir sobre os históricos das estações meteorológicas. O caso está atualmente sob investigação da Promotoria Geral de Nova York e teve repercussão internacional.
3. Para validar a hipótese do aquecimento global pelo CO_2, o IPCC estava envolvido na distorção dos dados históricos de temperatura para produzir a *controversa "curva do taco de hóquei"*.
4. Os princípios do IPCC exigem que a ciência em seus relatórios esteja de acordo com os relatórios políticos da entidade, que quase sempre são escritos antes do corpo do relatório científico. Esse procedimento evidencia ato de pressão sobre os encarregados de revisão técnica. A seleção dos revisores do IPCC também está impregnada de vícios e comprovada manipulação.

que os padrões geográficos e temporais de temperaturas elevadas (ou os índices de intensificação do aquecimento) são comparados às previsões dos modelos climáticos do computador.

Mas a afirmação do IPCC, de 1995, de que havia identificado, com êxito, a *fingerprinting* humana no clima global era falsa, porque se basea—va no uso seletivo de dados de temperatura; mais uma vez a síndrome da escolha. Nesse caso, quando todos os dados foram examinados, as *fingerprinting* humanas estavam ausentes.

Isso provocou considerável agitação no estágio de revisão do relatório. Em uma rara exibição de honestidade do IPCC, a primeira versão do relatório discutiu o sucesso das *fingerprinting* e acabou questionando, na verdade, a evidência de qualquer efeito humano no clima. Essa versão teria até quinze afirmações refletindo tais pontos de vista, como por exemplo: "Nenhum dos estudos citados anteriormente demonstrou evidência clara de que possamos considerar as mudanças [climáticas] observadas como causa específica de aumento dos gases-estufa."[87]

Na versão final, essa e outras linguagens similares desapareceram, sendo substituídas por afirmações muito diferentes, envolvendo gases-estufa como o CO_2 no aquecimento global, e afirmando que, pela primeira vez, existia forte evidência hoje da influência humana no clima.[88] Essa afirmação representava uma grande mudança nas declarações públicas do IPCC, que até aquele momento tinha feito apenas afirmações hesitantes sobre o aquecimento induzido pelo homem, e desempenhou um papel importante no enfraquecimento no âmbito daqueles que defendem o ponto de vista alarmista.

No entanto, as mudanças drásticas da primeira versão do relatório foram todas feitas de modo sub-reptício, por um pequeno grupo formado pelos seis principais autores desse capítulo específico — sem consultar outros autores ou até qualquer encarregado da revisão técnica. Os alarmistas ganharam sua primeira batalha contra os céticos dentro do próprio IPCC.

O imbróglio foi exposto na imprensa, na época em que o relatório foi publicado, em junho de 1996, gerando uma série de acaloradas discussões que permaneceram vários meses nas páginas do *The Wall Street Journal* e de outras publicações. Frederick Seitz, eminente físico e ex-presidente da National Academy of Sciences e da American Physical Society, escreveu que nunca testemunhou "um ato de corrupção mais perturbador do processo de revisão por pares" do que os acontecimentos que levaram ao relatório do IPCC, e acusou o painel de manipular a ciência com objetivos políticos.[89]

Mesmo a prestigiosa revista científica *Nature*, enquanto apoiava a posição do IPCC em relação ao aquecimento global, castigou a organização em um editorial, dizendo que:

> Os funcionários do IPCC afirmam [...] as revisões [foram feitas] sobretudo para garantir que estivessem em conformidade com o resumo "político" de todo o relatório [...] mas existem algumas evidências de que o processo de revisão evidencia um deslocamento sutil [...] que [...] permitiu que os argumentos se alinhassem com as conclusões mais gerais do relatório.[90]

O IPCC, segundo seus princípios corruptos de trabalho, colocou o processo de revisão de cabeça para baixo e manipulou a ciência perfeitamente legítima para que ficasse de acordo com o que já estava escrito no resumo do relatório, em lugar de seguir o procedimento normal de ter o resumo de acordo com o material que sustentava o relatório. Um dos autores do capítulo alterado admitiu isso basicamente, em uma tentativa posterior de defender a posição do IPCC, dizendo que o processo de revisão foi, na verdade, exigido pelas regras do IPCC, e que todo o relatório era uma "fraude, com tendenciosidade política" inquestionável.[91]

Pouco mudou no IPCC desde então. A corrupção permeia não apenas o processo de revisão do relatório, como também a seleção de autores e revisores. Não é preciso dizer que o IPCC em geral escolhe autores que concordem com sua posição sobre o aquecimento global induzido pelo homem.

A revisão da seção de Física do Quarto Relatório de Avaliação envolveu mais de 650 pessoas, assim como organizações governamentais e internacionais.[92] No entanto, entre os 308 revisores da segunda versão, cerca de um terço também era de autores de no mínimo um capítulo do relatório,[93] uma prática pouco ética que cria conflitos de interesse e está aberta ao abuso em si mesma. O processo de revisão por pares nas publicações científicas convencionais nunca permite que autores revejam e publiquem seus próprios trabalhos.

A segunda versão do capítulo 9, que aborda a atribuição do aquecimento global à atividade humana, foi examinada por 78 revisores.[94] Entre eles, alguns também eram autores que haviam colaborado nesse mesmo capítulo ou em outros do relatório. Outros eram revisores com vínculos governamentais, com interesses pessoais nas conclusões do capítulo, na medida em que seus países possuem políticas para limitar as emissões de CO_2 e, portanto, aceitam de modo implícito a afirmação fundamental do IPCC sobre o aquecimento induzido pelo homem.

O pequeno número de revisores do capítulo 9 que poderiam ser considerados realmente independentes era bastante inferior ao dos adeptos da crença do IPCC. Apesar de os princípios de trabalho do Painel permitirem a inclusão, no relatório final, de "visões socioeconômicas, técnicas e científicas diferentes (talvez controversas) sobre o assunto, sobretudo se fossem pertinentes ao debate político"[95] — que em tese podia acomodar opiniões opostas de revisores — isso raramente aconteceu na prática.

Assim sendo, não é de fato surpreendente que as conclusões do capítulo endossem a hipótese de aquecimento global pelo CO_2 e ignorem todas as evidências conflitantes.

Por acaso, os céticos *e* os alarmistas do aquecimento global alegaram que o processo de produção do relatório está corrompido. Para os céticos, o processo de revisão do IPCC é tão corrupto que eles quase não conseguem ter a atenção da organização. Os alarmistas, que acabamos de ver dominarem o processo de redação e revisão dos relatórios do IPCC, reclamaram que os relatórios são quase sempre diluídos no estágio de revisão, a fim de apaziguar os céticos. De qualquer forma, o processo de revisão está longe de ser ciência legítima.

CAPÍTULO 4

O engodo do computador

Não é segredo, mas nem todos sabem, que a catástrofe do CO_2 e do aquecimento global proclamada pelo IPCC apoia-se quase que totalmente em modelos de computador. Esses modelos podem ser ferramentas muito poderosas mas talvez estejam errados.

O *design* e a engenharia de maravilhas tecnológicas complexas como carros, aviões, ou *chips* de computador constituem um dos campos em que os modelos computacionais são especialmente úteis. No caso de todos esses produtos, conhece-se bem sua base científica, e os pressupostos nos quais se apoiam ou em que foram amplamente testados. Esse tipo de construção de modelos em computador também funciona bem em alguns aspectos das ciências sociais, como estimativas populacionais, pelas mesmas razões.

Os modelos não são tão bons quando os cálculos realizados pelo computador e mostram-se incapazes de espelhar a realidade de um sistema complexo. Isso acontece quando existem lacunas entre nosso conhecimento e a infraestrutura do modelo. Por essa razão é preciso fazer suposições para preencher tais falhas. Agora não temos mais certeza acerca do que diz o modelo. Como sustenta o livro *The Promise And Limits Of Computer Modeling*:

> Seria [o modelo computacional] uma imagem do mundo? Ou trata-se de ficção glorificada como um filme ou *video game*? [...] o modelo de computador não inspira total confiança, mas sim dúvida, uma obscuridade, a respeito do que realmente significa.[96]

Até que ponto são boas as previsões feitas pelos modelos climáticos computacionais? Como essa questão é central para o debate sobre o aquecimento global, todo este capítulo é dedicado ao assunto.

É APENAS UM MODELO

As simulações de computador são tão confiáveis como os pressupostos sobre os quais estão construídos os modelos: "Entra lixo, sai lixo", como gostam de dizer os engenheiros de *software*. Da mesma maneira que as hipóteses científicas precisam ser testadas experimentalmente antes de serem confirmadas — uma exigência que o IPCC reconhece[97] — qualquer suposição qualificada, feita em um modelo computacional, também precisa ser verificada.

Um dos maiores defeitos do argumento do IPCC em defesa do aquecimento global produzido pelo homem é o fato de seus modelos climáticos estarem repletos de hipóteses não testadas. Estes incluem suposições em relação aos elementos básicos do sistema climático, como as nuvens e a precipitação; à contribuição dos ciclos naturais para as elevadas temperaturas atuais, e aos processos físicos que controlam a resposta do clima da Terra a minúsculos acréscimos de CO_2.

Discutiremos esses e outros pressupostos à medida que avançarmos neste livro. O problema real é que muitas das suposições estão sendo testadas agora, em um experimento em andamento e que talvez não seja concluído nos próximos 50 ou 100 anos. Os alarmistas e o IPCC dizem que não podem esperar tanto tempo pelas respostas; então a única opção é confiar nos modelos computacionais.

Ainda assim, aumentam as evidências de que os modelos computacionais do IPCC talvez não simulem de maneira precisa nem mesmo o clima atual, muito menos o futuro ou o passado. Várias previsões feitas por esses modelos sobre as condições climáticas hoje estão totalmente erradas, e a única razão pela qual tais modelos podem "*hindcast*"* o registro histórico está no ajuste arbitrário feito para se adaptarem aos dados históricos.

Embora as simulações possam ser úteis, é fácil ser levado por suas possibilidades e exagerar a importância de suas previsões.

No início de minha carreira também caí nessa armadilha, quando as simulações feitas por computador estavam na moda, após o desenvolvimento dos poderosos computadores de grande porte da década de 1960. Eu pesquisava o bombardeamento de materiais sólidos com átomos de alta velocidade, em um pequeno acelerador de partículas, como meio de provar a estrutura da matéria. Este era um novo campo de pesquisa na ocasião.

Os experimentos eram complexos e a interpretação dos resultados às vezes um tanto obscura. Por esse motivo, quando um de meus colaboradores apresentou-me a modelagem feita por computador, aproveitei a oportunidade para experimentá-la. Dessa forma, eu podia simular o experimento inteiro em um computador e mudar as variáveis à vontade para ter algum *insight* sobre os dados obtidos com o acelerador. Talvez, pensei, a abordagem fosse tão bem-sucedida que eu pudesse até desistir dos experimentos com o acelerador, que eram entediantes e quase sempre duravam 24 horas, ou mais, ininterruptas.

---

* *Hindcast*, ou modelar com dados reais, consiste em testar modelos matemáticos. Os dados conhecidos de eventos passados são inseridos em determinado modelo para verificar se o resultado produzido está de acordo com o que aconteceu.

No entanto, essa esperança rapidamente terminou. O modelo de computador era divertido de aprender, e logo eu estava produzindo as previsões às dúzias de meus experimentos. O único problema é que essas simulações não se adequavam tão bem ao mundo real!

Enquanto algumas características dos resultados do acelerador eram reproduzidas pelos modelos computacionais, outras não, e os cálculos feitos pelo computador tinham predisposição a exagerar a magnitude das tendências dos dados experimentais. O motivo era simples: o modelo baseava-se em pressupostos sobre o bombardeamento de átomos e o material-alvo, e nem todas as hipóteses estavam corretas. Refiná-las em um longo período de tempo proporcionou mais coerência entre a simulação e o experimento, mas nunca a ponto de ser possível confiar no modelo para fazer uma previsão precisa. Havia simplesmente muitas incógnitas que não podiam ser medidas ou testadas.

Isso não é muito diferente do que acontece com os modelos climáticos atuais. Alguns são muito elaborados e podem prever todos os tipos de variáveis climáticas de forma bastante detalhada — tanto que é possível ficar admirado com o próprio modelo, pelo simples poder de cálculo presente na ponta dos dedos. Sem dúvida, eu experimentei esse sentimento.

No entanto, um modelo é apenas um modelo. Embora o poder de processamento dos supercomputadores atuais, usados para a construção de modelos do clima, ser mais de um milhão de vezes maior que o daqueles disponíveis em 1970, isso não muda o fato de que esteja restrito pelas hipóteses que o sustentam. Toda a velocidade de processamento no mundo não supera a falta de conhecimento.

O desastre de Wall Street, em 2008, é uma lembrança dolorosa disso. Embora as razões da crise financeira americana e a continuação da recessão global sejam variadas, não há dúvida de que os modelos de computador tiveram uma participação importante, pois as simulações em computador foram usadas de forma rotineira para avaliar o risco da comunidade de investimento. Se os modelos representassem melhor a realidade, ou se os banqueiros estivessem mais conscientes das limitações dos modelos de computador, talvez a crise financeira não fosse tão grave.

Outro exemplo notório, no campo da engenharia, é a Millenium Bridge* em Londres. Apenas depois de construída, e de ser percorrida pela primeira vez, um balanço inesperado pôde ser sentido, levando ao fechamento imediato da ponte para modificarem o *design*. Os engenheiros perceberam que haviam criado o que chamamos de estrutura ressonante, um fenômeno bem compreendido que poderia ser evitado se as hipóteses corretas fossem utilizadas nos modelos computacionais da ponte.

Os climatologistas defendem seus modelos computacionais do clima dizendo que são a única manipulação possível sobre essa questão. Isso é verdade, a não ser que estejamos preparados para esperar várias décadas até conseguirmos algumas medidas mais definitivas. Mas isso não significa que os modelos estejam certos. Eu não gostaria de voar em um avião desenhado por um modelo climático de computador equivalente de engenheiro.

Lembre-se, é apenas um modelo.

CONSTRUINDO UM ELEFANTE

O ideal seria conseguir obter o panorama exato das características climáticas mais importantes de um modelo do clima — sobretudo as que são essenciais para os humanos, como temperatura, precipitação, ventos e chuvas.

* Ponte suspensa, para pedestres, erguida sobre o Rio Tâmisa, em Londres, na Inglaterra.

É mais fácil dizer do que fazer, porque os modelos devem obedecer às leis da Física e da Química além de simular diversas interações complexas do sistema climático da Terra, que associam a atmosfera com as massas de terra e os oceanos à neve e ao gelo.[98] Essa complexidade inclui fenômenos diversos, como a corrente de vento dos níveis superiores da atmosfera, as correntes profundas dos oceanos, as nuvens, os gases-estufa e ciclos climáticos como El Niño.

Os processos climáticos abrangem uma variedade enorme de distância e tempo, desde poucos centímetros a milhares de quilômetros, e de algumas horas a milênios. Para fazer uma simulação em computador, todos os processos e suas interações devem estar expressos na forma de equações matemáticas, que são traduzidas em linguagem de computador. Com essas equações, o computador então simula a evolução do clima ao longo do tempo.

Isso pode parecer direto demais, no entanto, existem duas grandes limitações. A primeira é que até mesmo o computador mais potente do mundo hoje não é capaz de simular o clima em uma pequena escala espacial. Por esse motivo, utilizam-se grades que compreendem cerca de 200 quilômetros quadrados da superfície da Terra, e quase 0,75 quilômetros de altura, no caso dos modelos atmosféricos. As grades do oceano são menores.

Isso significa que o que for menor, inclusive a formação de nuvens, cai nos intervalos das grades e não é possível fazer modelos precisos. Para os processos em escala reduzida, são necessários quadros simplificados e aproximados da realidade. Algumas aproximações não são tão boas como outras.

A segunda desvantagem importante dos modelos de computador é que apesar de toda competência tecnológica moderna existe muita falta de conhecimento, ou nem mesmo entendemos o funcionamento global do clima da Terra em grandes distâncias. Esse é o ponto em que entram os pressupostos. E, além das muitas hipóteses impossíveis de testar, como eu disse antes, os pressupostos exigem aproximações ainda maiores.

Todas essas estimativas, em pequena e grande escala, são incorporadas ao modelo na forma de parâmetros numéricos ajustáveis.[99]

A simples existência de modelos climáticos computacionais com tantos parâmetros ajustáveis, quase sempre conhecidos como "fatores de correção" por cientistas e engenheiros, deve ser em si mesmo um sinal de alerta. O famoso matemático John von Neumann disse certa vez: "Com quatro parâmetros ajustáveis posso construir um elefante, e com cinco sou capaz de fazê-lo balançar a tromba."[100]

Alguns desses parâmetros simplesmente compreendem uma variedade de erros em uma grandeza mensurada; outros, no entanto, são desconhecidos e precisam ser pressupostos. Para descrever, de forma adequada, processos em menor escala ocorridos dentro de uma das grades de 200 quilômetros quadrados na superfície da Terra, são necessários quase trinta parâmetros.[101] E é preciso muito mais a fim de contribuir para todas as hipóteses globais, e o número total de parâmetros no modelo do clima pode chegar a centenas. São muitos elefantes!

Os cientistas do clima propuseram vários procedimentos para compreender alguns dos fatores desconhecidos de seus modelos. Entre eles encontramos o uso de mais de um modelo, cada um baseado em parâmetros variáveis com pequenas diferenças, com intuito de avaliar a incerteza existente nesses parâmetros. Outro método "ajusta" os parâmetros selecionados até que os modelos representem de maneira correta as grandezas conhecidas, como o balanço global de energia.[102]

Mas lembre-se: é apenas um modelo. Nenhum grande problema para os modelos computacionais atuais pode escapar do fato de que estes ainda dependem de vários pressupostos não testados e de parâmetros ajustáveis. Até os mais recentes são tendenciosos, pois resultam de hipóteses incorretas, como está indicado em um relatório recente dirigido ao Congresso pelos modeladores de clima nos Estados Unidos:

> Apesar de tudo, ainda existem distorções frequentes dos fluxos oceano-atmosfera em regiões costeiras no oeste dos continentes, na variabilidade do espectro de ENSO [El Niño — Southern Oscillation],* na distribuição espacial da precipitação nos oceanos tropicais e na precipitação continental e temperaturas do ar na superfície.[103]

Pode-se dizer, no mínimo, que com tantos parâmetros incertos ou desconhecidos, as previsões de qualquer um desses modelos tornam-se duvidosas. Ainda assim, o IPCC continua a declarar que tem 90% de certeza da ligação entre o aquecimento global e o CO_2 produzido pelo homem — uma predição baseada apenas em modelos climáticos de computador. Basta regular os parâmetros de maneira diferente e os modelos farão uma previsão de pouco ou nenhum aquecimento.

Esse é o clima atual (Tabela 4.1). O IPCC adverte constantemente que o aquecimento global piorará e, acredite ou não, o Painel previu hoje o calor na Terra daqui a noventa anos usando os mesmos modelos de computador. Podemos dizer que esse é um exemplo de distorção da verdade.

Os processos de estimativa do IPCC[104] foram auditados há pouco por Scott Armstrong, um professor de *marketing* reconhecido internacionalmente como especialista nos métodos de previsão, em geral, e um colaborador.[105] A auditoria incluiu uma pesquisa sobre os autores e revisores do IPCC, em conjunto com um pequeno número de céticos conhecidos do aquecimento global. Ele descobriu que não apenas os procedimentos do IPCC violavam a maioria dos princípios-padrão de previsão, mas também:

---

* El Niño — Oscilação Sul

> as previsões no Relatório não resultam de procedimentos científicos. Na verdade, são opiniões de cientistas transformadas por matemáticos e obscurecidas por uma escrita complexa. ...Pesquisas sistemáticas demonstraram que a capacidade dos modelos de se adequarem aos dados históricos não tem muita relação com a precisão.[106]

Chega de previsões climáticas do IPCC. Lembre-se, é apenas um modelo.

OBSCURECENDO O CENÁRIO

Nos modelos climáticos de computador, as suposições feitas sobre duas substâncias aquosas — nuvens e vapor d'água atmosférico — servem de base às conclusões do IPCC sobre o aquecimento global produzido pelo homem. Segundo esses modelos, o efeito em geral minúsculo do CO_2 sobre as temperaturas globais é ampliado sobretudo pelos vapores d'água e pelas nuvens.

Ambos estão correlacionados, pois as nuvens surgem quando a água evapora e se transforma em vapor d'água, que depois se condensa em gotículas ou cristais de gelo para formar as nuvens. Mas não são idênticos — as nuvens são essencialmente água na forma líquida enquanto o vapor d'água na atmosfera é um gás-estufa — e por isso afetam a temperatura e o clima de formas diferentes. Voltaremos ao vapor d'água no próximo capítulo, que trata da sensibilidade do sistema climático da Terra ao CO_2.

No caso das nuvens, talvez o problema consista em não estarem modeladas de modo adequado nas atuais simulações de computador. Isso se deve em parte ao fato de não conhecermos muito o que acontece dentro de uma nuvem durante sua formação, no caso de chuva ou quando absorve ou irradia calor. Por conseguinte, temos vários parâmetros ajustáveis.[107]

A inabilidade para modelar nuvens também ocorre por serem, na verdade, várias centenas e talvez milhares de vezes menores que a escala da grade do computador. Mesmo a geração futura de supercomputadores será capaz de representar apenas as nuvens maiores com precisão.[108] Por esse motivo, estão presentes estatisticamente nos modelos — ou seja, pelos valores médios de tamanho, altitude, número e localização geográfica. Sabe-se que isso não é uma representação muito boa ao assistir toda noite à previsão do tempo.

Os modeladores do clima compreendem as insuficiências das simulações das nuvens em computador, ainda que eles próprios insistam que os modelos possam ser usados para fazer previsões altamente confiáveis sobre o futuro. James Hansen, que chefia o NASA's Goddard Institute for Space Studies e realizou simulações climáticas em computador nos últimos trinta anos, admite em um artigo de pesquisa recente que:

> As desvantagens do modelo incluem aproximadamente 25% de deficiência regional na cobertura de nuvens do tipo estrato, no verão, longe da costa oeste dos continentes, resultando na absorção excessiva de radiação solar de até 50 W/m^2, deficiência na absorção de radiação solar e radiação líquida em outras regiões tropicais, em geral de 20 W/m^2, pressão no nível do mar muito elevada, de até 4-8 hPa no inverno no Ártico, e 2 a 4 hPa, baixa demais, em todas as estações nos trópicos, cerca de 20% de deficiência de chuva na bacia amazônica, aproximadamente 25% de deficiência na cobertura de nuvens de verão na região oeste dos Estados Unidos e na Ásia Central, com aquecimento excessivo no verão correspondente a quase 5° Celsius nessas regiões.[109]

Além de todas as outras deficiências enumeradas, sobretudo no caso das nuvens, vale a pena observar que a avaliação exagerada da temperatura de verão desse modelo específico em 5° Celsius (9° Fahrenheit), nos Estados Unidos e na Ásia, é tão grande quanto a queda das temperaturas globais que acompanharam a última Era Glacial! Com tantos erros, como pode alguém esperar que modelos como esses simulem com precisão o aquecimento global de menos de 1° Celsius (1,8° Fahrenheit) até os dias de hoje?

Hansen, que também é um dos mais obstinados alarmistas do aquecimento global, fala no mesmo artigo sobre "a perigosa interferência antropogênica" no clima da Terra causada pelo CO_2, uma frase que vem das Nações Unidas.[102] Provavelmente, os perigos para a humanidade sejam Hansen e seu modelo climático.

É bastante interessante que o IPCC pareça consciente das limitações do seu modelo computacional para as nuvens. O Capítulo 8 de seu relatório de 2007 afirma:

> Apesar disso, os modelos ainda apresentam erros consideráveis. [...] muitos processos essenciais em pequena escala não podem ser representados de maneira explícita nos modelos e, por isso, devem ser incluídos de forma aproximada [...] em especial, as incertezas fundamentais estão associadas à representação das nuvens, e às consequentes respostas das nuvens a essa mudança climática.[111]

O Capítulo 8 prossegue dizendo que modelos climáticos de computador possuem estimativas bastante variáveis de sensibilidade ao CO_2, principalmente em consequência das diferenças entre os modelos, no modo como o efeito do aquecimento pelo CO_2 é ampliado pelas nuvens.[112] Em seguida, o Capítulo 10 revela que apenas a dúvida acerca do efeito previsto de aquecimento e resfriamento (radioativo) das nuvens é maior que o aquecimento total previsto no modelo com a duplicação do CO_2 em relação à concentração pré-industrial.[113]

TABELA 4.1: MODELOS CLIMÁTICOS EM COMPUTADOR

O que incluem

Atmosfera	– Temperatura, pressão e umidade do ar na superfície. – Calor do sol. – Nuvens e precipitação/evaporação. – Ventos. – Aerossóis. – Gases-estufa naturais e produzidos pelo homem.
Superfície da Terra	– Temperatura e umidade do solo. – Vegetação e processos biológicos. – Rios e lagos. – Cobertura de neve.
Oceanos	– Temperatura e salinidade do oceano. – O acoplamento/A associação oceano-atmosfera. – Correntes profundas.
Gelo marinho	– Reflexo da luz do sol – Movimentos do gelo – Poças de gelo derretido

O QUE HÁ DE ERRADO COM ESSES MODELOS?

1. *É apenas um modelo:* as simulações por computador têm a precisão dos pressupostos que as fundamentam. Os modelos climáticos estão repletos de hipóteses não testadas, que fazem parte desses modelos como "fatores de correção" ajustáveis.
2. *Nuvens:* a formação e o comportamento das nuvens são muito pouco compreendidos, por isso não se pode construir modelos que as representem com alguma confiança. Ainda assim, os "fatores de correção" das nuvens são cruciais para estimar a resposta do clima ao CO_2.
3. *Oceanos*: os modelos predizem o aquecimento da atmosfera e dos oceanos; porém, os oceanos pararam de aquecer desde 2003.
4. *Precipitação:* existem deficiências nos modelos computacionais da precipitação pluviométrica das florestas tropicais e de chuvas muito fortes.
5. *Eventos cíclicos:* vários ciclos climáticos de curto prazo como El Niño, por exemplo, não são bem simulados pelos modelos atuais de computador.[115]
6. *Os efeitos solares indiretos*: não estão incluídos os efeitos indiretos como a proteção dos raios cósmicos que criam as nuvens de resfriamento.

Ainda assim, apesar de reconhecer que suas simulações de computador são deficientes para representar as nuvens — que contribuem da mesma maneira que os vapores d'água para a ampliação do CO_2 nos modelos — o Capítulo 9, do mesmo relatório do IPCC, afirma que o aquecimento global nos últimos cinquenta anos "tem muita probabilidade" de ser provocado pelo CO_2.[114] Isso faz parte de uma síndrome bastante comum que permeia os relatórios do IPCC, em que a mão esquerda parece não saber o que a direita faz.

E, como logo veremos, as nuvens talvez tenham a chave para explicar o aquecimento global, mas por motivos que não têm relação com o CO_2 ou a atividade humana.

O FRACASSO DAS PREVISÕES

O teste definitivo de qualquer modelo de computador é a precisão com que representa a realidade. Para avaliar seus modelos climáticos computacionais e "validá-los" para fazer previsões futuras, o IPCC utiliza-os para simular climas passados e presentes.

Nessa abordagem, a dificuldade é muitos modelos climáticos fazerem apenas previsões sobre o presente (e o futuro) sem conseguirem primeiro reproduzir o registro passado do clima, em consequência da necessidade de determinar algumas centenas de parâmetros variáveis que discutimos anteriormente. No entanto, a incerteza nos parâmetros torna todas as previsões, na melhor das hipóteses, questionáveis e, para grande parte do registro do clima atual, totalmente equivocadas.

Como estamos falando sobre aquecimento global, você esperaria que os modelos de computadores antecipassem, pelo menos de maneira correta, as temperaturas. Entretanto, o histórico do comportamento dos modelos é tão impressionante como o de um time de futebol que não consegue marcar gol durante uma temporada inteira.

O Ártico e o Antártico

Uma das previsões dos modelos climáticos computacionais é que o aquecimento global provocado pelo CO_2 deve ser mais forte nos Polos Norte e Sul. Isso se deve em parte à reação em cadeia na qual a neve e o gelo derretidos expõem as superfícies mais escuras sob essa camada que absorve luz do sol excedente, causando mais derretimento.[116]

No Ártico, embora as temperaturas estejam hoje subindo com rapidez, não há aquecimento *líquido* desde 1937[117] — ao contrário das temperaturas globais que subiram, talvez, 0,4° Celsius (0,7° Fahrenheit) desde então (ver Figura 2.1). Existe uma tendência geral de intensificação no Ártico desde 1900, semelhante àquela observada em todo o Hemisfério Norte, mas as fortes oscilações por décadas das temperaturas árticas estão longe de qualquer previsão feita pelos modelos computacionais do IPCC.

Os alarmistas do aquecimento global têm dado grande importância ao encolhimento do gelo do mar Ártico, supostamente causado pelo aquecimento global, porém houve uma reversão dessa redução há pouco tempo — um tópico ao qual retornaremos mais adiante — e, de qualquer forma, seria mais provável que ocorresse em consequência do ciclo climático natural do que de níveis maiores de CO_2.[118]

Na Antártica, o quadro é mais complicado. Enquanto a Antártica Ocidental e a pequena Península Antártica, que aponta em direção a Argentina, estão ambas sofrendo um aquecimento, os 80% restantes do continente não apresentaram tendência significativa na temperatura desde a década de 1960 e podem até estar passando por um resfriamento.

Um artigo de pesquisa publicado no início de 2009 criou confusão ao afirmar que todo o continente antártico, e não apenas a porção ocidental, vinha aquecendo nos últimos cinquenta anos.[120] A afirmação baseava-se em uma análise estatística em que as temperaturas no continente inteiro foram reconstituídas a partir de dados escassos de registros de temperatura das estações meteorológicas antárticas, a maioria perto da costa. Como acabo de mencionar, o registro real mostra temperaturas constantes no continente, em geral, ao contrário dos modelos climáticos computacionais que predizem aquecimento universal.

Entretanto, assim como o "taco de hóquei" resultava da aplicação errônea de técnicas estatísticas, a reconstrução do registro da temperatura antártica tropeça em sua análise estatística. O economista Hu McCulloch demonstrou que, se a reconstrução é realizada de maneira correta, a propensão ao aquecimento na Antártica Ocidental e na Península ainda se confirma, mas "as tendências no continente e, de modo geral, na Antártica Oriental, não são significativamente muito diferentes de zero".[121] Você talvez não se surpreendesse, se os autores do duvidoso artigo de pesquisa incluíssem o infame "taco de hóquei" de Michael Mann.

E, apesar das afirmações em contrário, o mar de gelo ao redor da Antártica tem-se expandido recentemente.[122]

Hemisfério Norte versus Hemisfério Sul

A segunda previsão de temperatura que os modelos computacionais não conseguem fazer corretamente é o maior aquecimento do Hemisfério Sul em relação ao Hemisfério Norte. Isso ocorre em consequência do efeito de resfriamento dos aerossóis, partículas minúsculas na atmosfera, produzidos em grande parte (como o CO_2) pela queima de combustíveis fósseis. Os aerossóis são emitidos principalmente na região mais industrial do Hemisfério Norte que deveria, portanto, ser menos quente que o Hemisfério Sul, segundo os modelos.[123] Mas a verdade é exatamente o oposto e as temperaturas são maiores no Hemisfério Norte, como documenta o IPCC no seu último relatório.[124]

Aquecimento atmosférico

Os modelos climáticos de computador baseados na teoria do aquecimento global pelo CO_2 preveem que a atmosfera, sobretudo a baixa atmosfera,[125] deve aquecer mais rápido que a superfície da Terra. Mas os dados de satélite mostram o contrário. Em altitudes acima de dez quilômetros (seis milhas) nos trópicos, onde a diferença é mais evidente, o índice de aquecimento atmosférico é menor que na superfície. Os modelos de computador não apenas estão errados sobre isso, como também prenunciam um índice de aquecimento até três vezes maior que o existente hoje.[126]

Os oceanos

Como quarto exemplo das previsões erradas de temperatura feitas por modelos computacionais, os oceanos do mundo pararam de esquentar desde 2003,[127] embora os modelos digam que os mesmos devem estar mais quentes, assim como a superfície da Terra e a atmosfera. Outra deficiência admitida pelo próprio IPCC é a tendência das temperaturas nos modelos da superfície do mar, baixas demais em algumas regiões do Hemisfério Norte e demasiado altas na parte oriental dos oceanos tropicais.[128]

Outras deficiências nos modelos climáticos do IPCC incluem o modelo da precipitação pluviométrica, sobretudo nos trópicos, a simulação de vários ciclos climáticos de curto prazo, como a Oscilação Decadal do Pacífico, e a incapacidade de explicar a razão pela qual a quantidade do gás-estufa metano na atmosfera parou de aumentar de repente.

Quantos erros! Ainda assim o IPCC confia nesses mesmos modelos para sustentar sua afirmação de que as emissões de CO_2 são responsáveis pelo aquecimento global.

Lembre-se, é apenas um modelo. Até melhorarmos nossa compreensão rudimentar atual de muitas características do clima da Terra, os modelos continuarão a ser insuficientes. Estes são como uma canoa furada, que o IPCC e os discípulos alarmistas remam freneticamente para manter boiando.

CAPÍTULO 5

Razão e sensibilidade ao CO_2

Os pressupostos que sustentam os modelos computacionais do IPCC — sobretudo aqueles que influenciam a chamada sensibilidade do sistema climático da Terra ao CO_2 — constituem a chave para a convicção do IPCC de que o aquecimento global é causado pelas emissões humanas de CO_2. Por sensibilidade entende-se a elevação das temperaturas globais provocada por uma quantidade específica de CO_2 adicionada à atmosfera.

Como vimos no Capítulo 3, nem as temperaturas nem o nível de CO_2 podem subir como pensamos. No entanto, apesar do tamanho real dos ganhos, não há dúvida de que a temperatura e o CO_2 aumentaram nos últimos 160 anos e que pelo menos o nível de CO_2 continua a subir agora.

Qual a força da ligação entre temperatura e CO_2?

A partir das declarações do IPCC e de seus defensores alarmistas, pode-se acreditar que toda questão do aquecimento global pelo CO_2 está obviamente de acordo com o senso comum, que não há qualquer dúvida sobre a sensibilidade climática e que já existe CO_2 suficiente na atmosfera para produzir temperaturas altas extremamente devastadoras nos próximos anos. Nada poderia estar mais distante da verdade.

Calcular a sensibilidade do clima com modelos climáticos computacionais depende de vários pressupostos questionáveis e não testados, a maioria sobre o clima da Terra no passado. Sendo assim, não seria surpreendente se as previsões feitas por esses modelos sobre a sensibilidade climática fossem tão pouco confiáveis como os modelos falhos das previsões de temperatura discutidas no capítulo anterior.

O *FEEDBACK** DO CO_2: FALSO POSITIVO?

A sensibilidade climática está vinculada, de maneira complexa, ao importante conceito de *feedback*, um termo técnico emprestado do campo da Engenharia Eletrônica. Entretanto, não se trata de um conceito difícil de entender, pois a palavra possui o mesmo sentido na vida cotidiana.

Na ciência, o *feedback* promove a ampliação sustentada (chamado *feedback* positivo) ou a diminuição sustentada (*feedback* negativo) a uma resposta à perturbação das condições existentes. Um exemplo de *feedback* positivo relacionado às condições meteorológicas é o ganho de força dos tornados ou ciclones pelo processo de ampliação que provoca uma reação de autorreforço em cadeia.[129] O *feedback* continua, com frequência, a intensificar a tempestade até que outro fator intervenha, como um ciclone provocando deslizamentos de terra.

O *feedback* negativo, em compensação, promove a diminuição de um processo, para fazer com que o sistema retorne ao estado em que estava anteriormente. Os processos de *feedback* negativo são muito comuns na natureza e atuam como válvula de segurança para manter em equilíbrio ecossistemas delicados e o reino animal.

* A tradução corrente utilizada no meio científico para a palavra *feedback* é retroalimentação, que expressa bastante bem o mecanismo envolvido e descrito no parágrafo seguinte.

O corpo humano constitui um exemplo extraordinário de muitos tipos de *feedback* negativo. A temperatura corporal, a pressão arterial, o nível de açúcar no sangue e várias outras funções são controlados por mecanismos de *feedback* negativo, que mantém aquela função dentro do rigoroso limite necessário para a sobrevivência. A temperatura do corpo, por exemplo, é regulada pelo mecanismo de *feedback* que faz o corpo suar, quando está quente demais, ou tremer, quando está muito frio, para manter a temperatura normal.

Então, por que o *feedback* é importante para o aquecimento global? É que sem *feedback*, na verdade sem *feedback positivo* para aumentar a sensibilidade do clima ao CO_2, os alarmistas não teriam com que se preocupar. O *feedback* positivo intensifica o aquecimento, porém o *feedback* negativo diminui.

Na atmosfera, hoje, as 387 partes por milhão de CO_2, somente, não são suficientes para provocar nem mesmo um aumento de 0,8° Celsius na temperatura desde 1850, ainda que a única explicação fosse o efeito dos gases-estufa que discutimos no Capítulo 2. O aquecimento global produzido pelo homem, se é que existe, seria insignificante sem o *feedback* positivo do CO_2 para ampliar o efeito estufa natural da Terra. Aqueles que constroem o modelo climático dizem que esse *feedback* origina-se principalmente de vapores d'água e de nuvens, com uma pequena contribuição do gelo e da neve.[130]

Mas o aquecimento global não tem nenhuma possibilidade de ter sido provocado pelo CO_2 se não existe *feedback*, ou se este é *negativo* — ocorre uma possibilidade distinta, como veremos a seguir. Com o *feedback* negativo do CO_2, mesmo a duplicação — em relação aos níveis pré-industriais, no futuro — desse gás terá muito pouca influência nas temperaturas.

Essa não é a história que você ouve dos alarmistas e do IPCC, que pregam que o mundo está próximo ao desastre e precisamos colocar as rédeas na emissão de CO_2 imediatamente. Poucas pessoas percebem que esse prognóstico sombrio fundamenta-se em modelos computacionais teóricos do tempo das carroças que preveem um *feedback* positivo de CO_2.

Na natureza, a maioria dos *feedbacks* é negativa, talvez por um bom motivo: manter a estabilidade no mundo natural. Por que o sistema climático da Terra seria diferente, se existisse qualquer perturbação proveniente de atividade humana?

O *feedback* positivo, que amplia o distúrbio inicial, pode levar a situações de desequilíbrio e a um sistema fora de controle. No entanto, o mecanismo de *feedback* positivo pode ser mantido para verificar se outros processos, entre os quais está incluído o *feedback* negativo de autocorreção, estiverem operando ao mesmo tempo. O fato de que nenhum acontecimento climático descontrolado tenha ocorrido no passado da Terra sugere mais uma vez que o clima seja governado por *feedbacks* negativos, e não positivos.

O IPCC conclui, a partir de seus modelos climáticos computacionais, que os principais *feedbacks* de aquecimento global são todos positivos, com uma exceção (Tabela 5.1).[131] Mas existe muito pouca evidência proveniente de observação que justifique essa conclusão.

Por exemplo, o argumento de que o *feedback* dos vapores d'água deve ser positivo, ou não haveria outro modo de explicar o aquecimento observado, é lembrado com frequência pelos alarmistas do aquecimento global. Entretanto, esse argumento baseia-se totalmente em modelos computacionais que não permitem nenhuma outra fonte natural para o aquecimento global diferente do Sol, cuja influência é subestimada de qualquer maneira (Capítulo 6). Se incluíssem fontes naturais nos modelos, é possível que estes previssem um *feedback* negativo de vapores d'água.

Existem muitas incertezas acerca de outros *feedbacks* que possam afetar as temperaturas globais, assim como o do ciclo de carbono, que é capaz de elevar a quantidade de CO_2 retido na atmosfera.[132] Mesmo o IPCC admite que esses mecanismos são muito pouco compreendidos:

No entanto, grandes diferenças entre estes modelos tornam a estimativa da grandeza desse *feedback* [ciclo de carbono] incerta. Outros *feedbacks* (envolvendo, por exemplo, a química atmosférica e os processos de aerossol) são até muito menos compreendidos. Sua magnitude e até seus sinais continuam duvidosos.[133]

Tabela 5.1: Os principais feedbacks de CO_2 nos modelos do IPCC

Feedback	Positivo ou negativo
Vapores d'água[134]	Positivo
Nuvens	Positivo
Temperatura/altitude[135]	Negativo
Neve e gelo	Positivo

Com poucas exceções, não sabemos que *feedback* climático, ou quais, faz mais diferença, nem mesmo se esses *feedbacks*, que parecem ser positivos e desestabilizadores, de fato o são, e não o contrário, negativos e estabilizadores do clima. Além disso, muitos modelos ignoram que *feedbacks* diferentes estão quase sempre associados um ao outro. Os *feedbacks* deduzidos dos modelos climáticos do IPCC não são mais precisos ou confiáveis que muitos outros parâmetros ajustáveis nos modelos.

Feedback *negativo em dados de satélite*

As evidências de *feedback* no aquecimento global, seja positivo ou negativo, são difíceis de acontecer. Por esse motivo, dois estudos recentes realizados por pesquisadores da Universidade do Alabama, em Huntsville, que mostram forte *feedback* negativo de nuvens, com base em observações de satélite da Terra,[136] são bastante impressionantes.

O primeiro estudo investigou mudanças diárias em variáveis climáticas, como a cobertura de nuvens, precipitação e temperatura, durante um período de dois meses, em um ciclo climático de curto prazo nos trópicos.[137] Os pesquisadores ficaram surpresos ao descobrir uma redução da cobertura de nuvens altas à medida que o ar tropical aquece durante o ciclo, em contradição direta com os modelos climáticos do IPCC, que predizem um aumento de nuvens altas nesse caso.

A redução das nuvens altas, que promovem o aquecimento na superfície da Terra (nuvens baixas esfriam), indica que o *feedback* negativo está operando — o sistema climático responde ao aquecimento tropical natural resfriando tudo, tentando fazer com que o clima volte às condições anteriores.

Como explica o importante autor e climatologista Roy Spencer,[138] o ciclo de aquecimento tropical serve como *proxy* do aquecimento global causado pelos gases-estufa produzidos pelo homem como o CO_2. Em outras palavras, o *feedback* do aquecimento global de nuvens altas é negativo e de amortecimento, o oposto da conclusão do IPCC, que é de que o *feedback* de nuvem de CO_2 é positivo e amplificador. Spencer acrescenta que os dados de satélite sustentam uma proposta anterior, feita por Richard Lindzen do MIT e um grupo de pesquisa da NASA, de que as nuvens altas próximas ao Equador abrem-se, como a íris do olho, para liberar o calor excedente quando a temperatura aumenta[139] — um efeito também de *feedback* negativo.

No entanto, o estudo da Universidade do Alabama foi criticado por aplicar-se apenas a regiões tropicais, e os efeitos de *feedback* identificados em uma escala de tempo tão curta (semanas) podem não ocorrer em períodos maiores associados ao aquecimento global. Então Spencer e sua equipe realizaram um segundo estudo, envolvendo análises de dados de outro satélite,[140] que também fornece evidências sólidas de *feedback* de nuvem negativo.[141]

O segundo estudo comparou os *feedbacks* de nuvens deduzidos dos dados de satélite ao longo de cinco anos, coletados nos oceanos globais, com os mesmos *feedbacks* calculados pelos modelos climáticos do IPCC. O novo estudo revelou não apenas o mesmo claro *feedback* de nuvem negativo[142] como o estudo original do satélite, mas a comparação também demonstrou que nenhum dos modelos do IPCC apresentava o comportamento de *feedback* negativo observado nos dados de satélite. Na verdade, os *feedbacks* de nuvem de todos os modelos climáticos eram positivos, como o IPCC insiste que são (ver Tabela 5.1).

Em relação ao primeiro estudo, que demonstrou *feedback* negativo com a redução das nuvens altas que aquecem a Terra, Spencer diz que o segundo estudo parece apresentar um *feedback* negativo com o aumento das nuvens baixas, que exercem o efeito de resfriamento. Ambos os estudos provam que as conclusões do IPCC sobre o *feedback* de nuvem[143] estão erradas, no mínimo, nos últimos cinco anos.[144]

Se o *feedback* de nuvem for negativo e não positivo, e tão fortemente negativo como indica o estudo da Universidade do Alabama, então é muito possível que *feedbacks* negativos combinados no sistema climático da Terra predominem sobre os *feedbacks* positivos dos vapores d'água e do gelo e da neve (Tabela 5.1).[145] Isso também significaria que a resposta global do clima ao acréscimo de CO_2 na atmosfera seria diminuir, e não ampliar, a elevação da temperatura apenas pela ação do CO_2 — o que acontece está em oposição à afirmação do IPCC. Com certeza, isso também significa que o aquecimento global deve ter outras explicações.

Antes de examinarmos as explicações alternativas para o aquecimento global, veremos como a predileção do IPCC pelo *feedback* positivo de CO_2 leva a superestimar o efeito das emissões humanas de CO_2 na temperatura.

A HIPERSENSIBILIDADE AO CO_2

Para aparecer com números específicos para a resposta climática ao CO_2, o IPCC e as pessoas que fazem os modelos no computador, em geral, olham o passado e usam esses modelos para reproduzir os registros climáticos históricos.[146] Estes incluem os dados dos últimos 160 anos, durante os quais os níveis atmosféricos de CO_2 aumentaram de forma significativa, os dados *proxy* para o último milênio e os *proxy* de núcleos de gelo de antigas eras glaciais (o paleoclima).

Os modelos incluem parâmetros ajustáveis, que afetam os diversos *feedbacks* discutidos há pouco, assim como os que descrevem o que chamamos de forçamentos — os verdadeiros distúrbios que alteram o clima e que dão origem ao *feedback*, como a radiação solar, gases-estufa na atmosfera e os aerossóis. Os forçamentos podem ser negativos ou positivos, dependendo de sua produção de efeito de resfriamento ou aquecimento, respectivamente.

O que são exatamente os números de sensibilidade climática? A sensibilidade climática encontra-se expressa, em geral, no aumento da temperatura provocado pela duplicação da concentração de CO_2 atmosférico em relação ao nível pré-industrial em 1850, quando começa o período atual de aquecimento global (Figura 2.1).

Com a sensibilidade climática elevada, o que significa um clima excepcionalmente sensível ao CO_2 excedente, o aumento da temperatura com a duplicação do CO_2 será muito grande, de 4,5° Celsius ou até mais, segundo alguns modelos do IPCC.[147] Em compensação, a baixa sensibilidade ao clima, o aumento da temperatura em relação ao dobro de CO_2 será muito menor — talvez 2° Celsius (3,6° Fahrenheit) no ponto de vista do IPCC. Ao manter o índice de aumento atual, a concentração de CO_2 na atmosfera estará duplicada por volta de 2100.

A Tabela 5.2 mostra o ganho de temperatura desde 1850, com a duplicação do CO_2 (nossa definição de sensibilidade climática), e o nível atual de CO_2, como estimado por diversos modelos climáticos. As informações sobre os modelos e detalhes sobre os cálculos podem ser encontrados no Apêndice A. Como a concentração de CO_2 ainda não está duplicada, a elevação prevista da temperatura para o clima atual é modesta.

Tabela 5.2: Sensibilidade climática ao CO_2 (graus Celsius)[149]

Modelo	Temperatura prevista com o aumento de CO_2	
	Hoje	Com a duplicação do CO_2
IPCC (2001)		3,5° C
IPCC (2007)	0,76° C	3,3° C
Hansen	0,6° C	2,7° C
Spencer	0,21° C	0,45° C
Feedback zero de CO_2	0,54° C	1,2° C
Feedback positivo de CO_2	Acima de 0,54° C	Acima de 1,2° C
Feedback negativo de CO_2	Abaixo de 0,54° C	Abaixo de 1,2° C

Na Tabela 5.2 também estão relacionados os aumentos de temperatura antecipados para os diferentes tipos de *feedback* no sistema climático da Terra: zero (nenhum *feedback* líquido), positivo e negativo.

Você verá imediatamente por que os *feedbacks* são cruciais para a sensibilidade climática (o problema da ampliação do CO_2 no Capítulo 2). Se o *feedback* líquido do CO_2 for positivo, a temperatura com o dobro de concentração de CO_2 em 2100 estará muito maior do que diz o IPCC, o que significa muitos graus acima dos valores de 1850. No entanto, se o *feedback* líquido de CO_2 for negativo, o aumento entre 1850 e 2100 não será maior que 1° Celsius (1,8° Fahrenheit), talvez ainda menos — e, nesse caso, não podemos ir muito mais longe, considerando que o termômetro já subiu 0,6° Celsius (1,1° Fahrenheit).

É possível ver também na Tabela 5.2 que o sinal (positivo ou negativo) do *feedback* líquido de CO_2 dita como o aquecimento global hoje tem origem no CO_2, e o que provém de outras fontes. Se o *feedback* líquido for positivo, como nos modelos climáticos do IPCC, quase todas as temperaturas que subiram 0,6° Celsius podem ser atribuídas ao CO_2. No entanto, se o *feedback* líquido for negativo, o CO_2 pode contribuir apenas pouco para o aumento da temperatura até hoje[151] e o resto deve ter outras fontes.

Como discutimos na seção anterior sobre os dados de satélite, existem evidências de que os *feedbacks* de nuvens sejam negativos, e não positivos, segundo a conclusão do IPCC. O *feedback* negativo de nuvem, forte o bastante para superar quaisquer *feedbacks*, positivos nos sistemas climáticos, tornará o *feedback* global negativo — e a sensibilidade climática ao CO_2 ficará demasiado pequena para ser uma preocupação.

O *feedback* negativo implica baixa sensibilidade climática, o que significa pequenos aumentos de temperatura, até mesmo para uma concentração muito maior de CO_2 na atmosfera, ou nenhum aquecimento global produzido pelo homem. É simples assim.

Deixando o *feedback* de lado, ainda existem várias outras questões, como a abordagem histórica, para validação dos modelos climáticos em computador. De longe, a maior preocupação e um dos principais pontos fracos dos modelos do IPCC, é o pressuposto que sustenta o fato de a sensibilidade climática da Terra ter permanecido inalterada ao longo da história — eternamente a mesma.

As condições climáticas do passado foram quase sempre muito diferentes das atuais, com oscilações de temperatura de 10° Celsius (18° Fahrenheit) à medida que o planeta passou de eras glaciais frígidas para períodos interglaciais mais quentes; as temperaturas que variaram no tempo de maneira mais lenta do que agora; níveis diferentes de CO_2 e outros gases-estufa; grandes mantos de gelo que se formaram e desapareceram milhares de anos depois; diferentes tipos e quantidades de vegetação e muito mais.

Por que a sensibilidade climática teria permanecido a mesma, se o clima da Terra mudou tanto?

Na verdade, é possível que a sensibilidade climática seja algum tipo de constante universal, como a velocidade da luz, mas também é provável que varie com o clima. Não existe nenhum motivo especial pelo qual o fenômeno não aconteça. O IPCC admite isso, embora suas previsões do clima baseiem-se no pressuposto da sensibilidade climática inalterada ao longo dos anos:

> O uso de um único valor de ECS [*equilibrium climate sensitivity*]* assume posteriormente que seja constante no tempo. No entanto, alguns autores [...] demonstraram que o ECS varia no tempo nos climas simulados por seus modelos. Como os resultados dos dados instrumentais e do último milênio são dominados, principalmente, pelas mudanças de escala decadal a centenária, representarão, portanto, apenas a sensibilidade climática em um equilíbrio que não está longe do clima atual.[152]

Vimos com o fiasco do "taco de hóquei" como é difícil construir o registro climático histórico. O IPCC estava tão decidido a construir as temperaturas dos últimos 2 mil anos em conformidade com o registro de CO_2 (o problema do nível constante de CO_2) que ignorou os dados históricos das temperaturas que mostram o contrário e se perdeu na decepcionante manipulação dos dados.

Os modeladores do clima podem não ter chegado às mesmas profundidades, mas talvez não escapem do fato de a adequação das simulações de computador a dados históricos não produzirem um número único de sensibilidade climática. Essa é razão pelo qual existem tantos parâmetros variáveis nos modelos. A única maneira de deduzir a sensi-

* Equilíbrio da sensibilidade climática.

bilidade climática é fazendo pressupostos sobre todos os outros parâmetros ajustáveis — e esses podem não estar corretos. Lembre-se, você pode construir um elefante com apenas cinco parâmetros.

Veremos agora que dificuldades surgem quando tentamos usar modelos computacionais para simular registros climáticos das eras glaciais (o problema do *lag* do CO_2).

A DUPLA FACE DO CO_2

Como observado antes, os números da sensibilidade climática provêm em geral de *hindcasting*, da correspondência do resultado de modelos climáticos de computador aos dados históricos. Tratamos de alguns desses dados nos capítulos anteriores. A Figura 5.1 apresenta dados que mostram os registros de temperatura e o nível de CO_2 na atmosfera da Terra nos últimos 150 mil anos, inclusive a era glacial mais recente, que durou cerca de cem mil anos e terminou há 11 mil anos.

Figura 5.1: O *lag* temperatura-CO_2

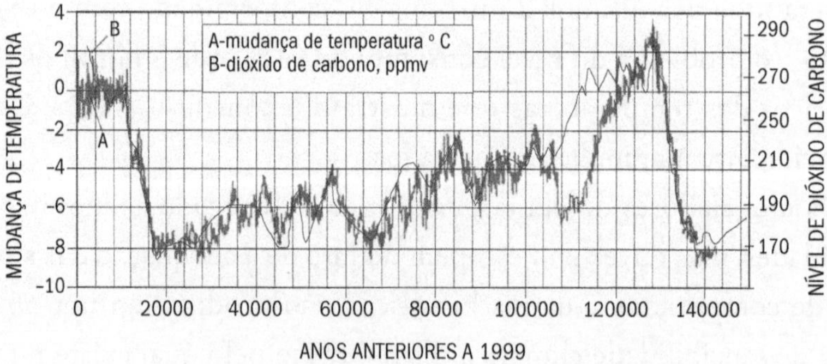

Fonte: Pangdurn.[153] *Observe que o tempo neste gráfico avança da direita para a esquerda. O tempo presente está na extrema esquerda da figura e o passado, distante, à direita.*

Devemos observar nesses dados, obtidos na análise dos núcleos de gelo da Antártida,[154] que os níveis de CO_2 imitam de perto as mudanças de temperatura, mas o CO_2 fica atrás em função do *lag* — e a concentração de CO_2 varia, para cima ou para baixo, bem depois de ocorrer a mudança correspondente na temperatura. O *lag* é de cerca de 600 a 800 anos,[155,156] e pode até ter sido maior que centenas de milhares de anos.

A maioria dos paleoclimatologistas acredita que esse *lag* do CO_2 em relação à temperatura, durante a era glacial, ocorreu porque várias centenas de anos são necessárias para que o CO_2 seja liberado, ou absorvido, nos oceanos do mundo, onde está armazenado o CO_2 do planeta. Os oceanos podem reter muito mais dióxido de carbono (e calor) do que a atmosfera. A água quente detém menos CO_2 que a água fria, então os oceanos liberam esse gás, quando a temperatura sobe, mas absorvem-no, quando a Terra esfria. O *lag* de tempo está descrito no que os oceanógrafos chamam de tempo de mistura do CO_2 nos oceanos.[154,157]

Muitos céticos aderiram rápido demais ao *lag* como evidência contra a hipótese do aquecimento global pelo CO_2, porque exige que o aquecimento, promovido pelo dióxido de carbono produzido pelos humanos, siga o crescimento do nível de CO_2, e não o contrário. A hipótese parece ser incompatível com o *lag* de CO_2 sob quaisquer circunstâncias.

Esses céticos não perceberam que o CO_2 acompanhou a temperatura no último aquecimento global, no fim das eras glaciais, em decorrência da demora de 600 a 800 anos para que os oceanos liberassem o CO_2 armazenado. Durante o período de aquecimento atual, que compreende até agora 160 anos, nada do CO_2 escondido nos oceanos apareceu ainda, e talvez não o faça por mais 450 a 650 anos, em consequência do *lag*. Mas o dióxido de carbono que produzimos mistura-se totalmente à atmosfera em um ou dois anos e fica, portanto, disponível quase imediatamente para o aquecimento por gás-estufa e *feedback*. Então existe mais *probabilidade* de que a temperatura siga de perto o CO_2 hoje, e não no passado.

No entanto, parece que o *lag* de CO_2 ainda derruba a noção de aquecimento global produzido pelo homem por um motivo diferente. A razão está relacionada com o comportamento da temperatura e do nível do CO_2 no fim de uma era glacial.

Acredita-se que as eras glaciais terminaram (e começaram) em decorrência de mudanças da órbita da Terra em torno do Sol.[158] Depois de dezenas de milhares de anos de frio intenso, a temperatura subiu de repente. Como acabamos de ver, quando está mais quente o CO_2 torna-se menos solúvel na água, o que promove a liberação desse gás dos oceanos para a atmosfera à medida que a temperatura aumenta, um processo que demora de 600 a 800 anos.

Segundo os modeladores climáticos do IPCC, o derretimento dos mantos de gelo e dos glaciares, causado pelo pequeno aquecimento inicial, não poderia ter continuado, a não ser que a elevação da temperatura tivesse sido ampliada por *feedback* positivo — inclusive o *feedback* de CO_2, disparado pela descarga de dióxido de carbono na atmosfera proveniente da liberação desse gás pelos oceanos.[159] Ajudado por *feedback*, diz o IPCC, ocorreu um período de aquecimento global, com a elevação da temperatura até alcançar um nível de equilíbrio novo e mais elevado que sinalizou o fim da era glacial. Uma cadeia similar de eventos, com base no CO_2 e em outros *feedbacks*, aumentou o resfriamento global, à medida que a temperatura caía no início da era glacial.[160]

O problema daqueles que acreditam na hipótese do aquecimento global pelo CO_2 é que, quando a era glacial terminou, a temperatura parou de repente de subir e ficou constante, porém o nível de CO_2 continuou a aumentar por mais 600 ou 800 anos, antes de chegar a um platô e depois cair levemente. Isso está bem documentado no registro histórico (Figura 5.1).[161]

Entretanto, como pode o aumento de CO_2 na atmosfera ser a causa da rápida elevação das temperaturas hoje, quando há 11 mil anos, e no

TABELA 5.3: A SENSIBILIDADE AO CO_2

A posição do IPCC

- Os principais *feedbacks* de CO_2, que controlam a resposta do clima ao acréscimo de CO_2 na atmosfera, são *positivos* e ampliam o efeito desse gás por si próprios.
- A sensibilidade climática, que mede qualquer aquecimento global proveniente de CO_2, permaneceu inalterada ao longo do tempo, desde as eras glaciais até os dias de hoje.
- O aquecimento global no fim das eras glaciais foi ajudado por *feedback* positivo de CO_2, embora exista um *lag* entre o *feedback* e a temperatura de 600 a 800 anos.
- O aquecimento global atual também é ajudado pelo *feedback* positivo de CO_2, mas esse mecanismo funciona quase de imediato.

O QUE ESTÁ ERRADO COM ESSE CENÁRIO?

1. As últimas observações de satélite mostram um forte *feedback* negativo proveniente das nuvens. Se esse *feedback* negativo de nuvens predominar sobre o *feedback* positivo dos vapores d'água e da neve e do gelo, o *feedback* líquido de CO_2 é negativo – reduzindo o aquecimento por CO_2 a um nível insignificante.
2. As condições climáticas durante as eras glaciais diferiam radicalmente das atuais, então, é pouco provável que a sensibilidade do clima ainda seja a mesma, como presume grande parte dos modelos computacionais do IPCC.
3. O *lag* de CO_2 em relação à temperatura durante o aquecimento após a era glacial ocorre em consequência da defasagem na liberação desse gás pelos oceanos. Mas, em virtude do *lag*, o CO_2 atmosférico continuou a subir por 600 a 800 anos depois da temperatura aumentar. Na era atual, desde 1850, a concentração de CO_2 e a temperatura subiram juntos. Esse comportamento duplo não faz sentido.

fim da era glacial anterior, se mantiveram constantes enquanto o nível de CO_2 continuava a subir? Se o CO_2 dos oceanos não promoveu a intensificação da temperatura nos quase 800 anos que se seguiram à recuperação da Terra da era glacial, por que as emissões humanas de CO_2 o fariam?[162] Talvez parte da atual concentração maior de CO_2 seja uma resposta retardada do oceano ao distante aquecimento medieval.

Não faz sentido que o *feedback* de CO_2 arrastasse a temperatura para cima, no clima atual, e fizesse o mesmo à medida que o planeta deixava as eras glaciais passadas, e então parasse nos últimos 600 a 800 anos.

O IPCC, em seu relatório de 2007, indica que esses dois enfoques da resposta da temperatura ao CO_2 ocorrem em consequência do aumento muito mais rápido da temperatura e do CO_2 durante o atual aquecimento global do que no fim da última era glacial.[163] O nível de CO_2 atmosférico está de fato crescendo de maneira mais precipitada hoje, mas a afirmação de que a temperatura está dez vezes maior e em velocidade mais acelerada que no passado é um exagero, como se poderia esperar, do IPCC. O aquecimento que observamos desde 1850 tem sido, na verdade, apenas duas ou três vezes mais rápido que o aquecimento global após a era glacial.[164] Não existe uma grande diferença.

Outras questões aparecem. Por exemplo, a afirmativa do IPCC de que o *feedback* líquido de CO_2 sempre foi positivo, desde as eras glaciais até os dias de hoje. Discuti anteriormente a possibilidade, com base em observações recentes das nuvens feitas por satélites, de que o *feedback* líquido de CO_2 em nosso clima atual seja negativo. Como podemos estar certos de que não tenha sido negativo e não positivo ao entrar e sair das eras glaciais?

E como é possível ter certeza de que o *feedback* de CO_2 operava nos tempos glaciais? Acredita-se que outros *feedbacks* — como os do gelo e da neve — tenham sido importantes nas oscilações de temperatura da era glacial. Talvez esses outros *feedback* possam ter feito o trabalho sozinhos, sem qualquer ajuda do CO_2, e o nível de CO_2 atmosférico tenha subido e descido apenas em resposta às alterações na solubilidade do CO_2 nos oceanos promovidas pelas mudanças de temperatura.

Presumindo que tenha havido *feedback* de CO_2 para ampliar as quedas e elevações de temperatura, por que essa queda no início de uma era glacial é tão mais lenta que a rápida ascensão no final?

Se o leitor começar a pensar que existe mais incerteza do que certeza nas bases científicas do aquecimento global, tem razão. A hipótese do CO_2 e toda a teoria do aquecimento global induzido pelo homem — pois trata-se de teoria — são um frágil castelo de cartas.

UM VILÃO IMPROVÁVEL

A hipótese do aquecimento global por CO_2 sustenta que esse aquecimento seja causado pelas emissões humanas de CO_2, pois as temperaturas e a concentração desse gás na atmosfera estão subindo ao mesmo tempo. Para rever a razão pela qual o CO_2 tem sido o bode expiatório da mudança climática, reavaliemos os três sinais de alerta que apontei para a hipótese do CO_2 no Capítulo 2 (ver Tabela 2.1):

- *O problema do nível constante de CO_2*: se a hipótese do aquecimento global por CO_2 é válida, o nível de CO_2 e a temperatura deveriam acompanhar um ao outro em todas as épocas. As mudanças na temperatura precisariam refletir mudanças no CO_2. Isso parece ter acontecido apenas nos últimos 160 anos e durante as eras glaciais mas não nos milhares de anos entre os dois períodos, que incluem o Período Quente Medieval e a Pequena Idade do Gelo. A tentativa do IPCC de reescrever a história, a fim de retificar essa discrepância, levou ao descrédito existente hoje no "taco de hóquei", como descrito no Capítulo 3. E, até mesmo durante as eras glaciais, a temperatura conduziu, e não seguiu, o CO_2.

- ✧ *O problema da ampliação do CO_2*: o CO_2 atmosférico, por si só, não pode contribuir para o aquecimento global sem *feedback* positivo, para ampliar seu efeito e intensificar a sensibilidade climática. Se o *feedback* líquido no sistema climático da Terra for negativo e não positivo, a sensibilidade climática é baixa e qualquer aumento futuro de temperatura, proveniente de acréscimo de CO_2, será insignificante. Os últimos dados de satélites indicam que os *feedbacks* de nuvens negativos podem ter força suficiente para resultar em *feedback* negativo global.
- ✧ *O problema do lag do CO_2*: quando as eras glaciais passadas terminaram, a temperatura permaneceu constante, enquanto o nível de CO_2 na atmosfera continuou a subir por 600 a 800 anos, à medida que o CO_2 ainda era liberado dos oceanos. Isso é incompatível com a hipótese do aquecimento global por CO_2, em que os atuais níveis crescentes de CO_2, provenientes de fontes humanas, provocam o aumento da temperatura. Ainda assim, o IPCC usa os dados climáticos da era glacial para validar seus modelos de computador, nos quais se baseiam suas projeções climáticas futuras.

CAPÍTULO 6

Deixando a natureza encontrar seu rumo

Como vimos nos capítulos anteriores, o CO_2 produzido pelo homem tem pouca probabilidade de ser a principal causa da mudança climática. Toda a argumentação do IPCC em favor do aquecimento por CO_2 encontra-se entremeada de imprecisões e manipulações, desde a falsificação no manuseio de dados brutos à corrupção e ao excesso de confiança em modelos de computador e inflexibilidade diante da hipótese do CO_2. As bases científicas responsáveis pelos relatórios do IPCC são tão falhas que para mim é difícil acreditar que tanta gente aceite isso como ato de fé.

O que estaria aquecendo o planeta se não fosse o CO_2?

Uma resposta honesta a essa pergunta seria que, no momento, não sabemos. Não é que sejamos ignorantes, mas apenas não temos dados ou evidências suficientes agora para tirar qualquer conclusão definitiva — exceto que as possibilidades de o CO_2 ter ocupado o primeiro lugar são muito, muito pequenas.

Se não podemos culpar os humanos, o lugar óbvio para procurar uma explicação alternativa é a natureza. Sabe-se muito bem que os ciclos naturais alteraram o ciclo climático da Terra muitas vezes no passado, sobretudo as mudanças na órbita que lançaram o planeta nos congelamentos profundos das eras glaciais.

Ninguém está sugerindo que nosso aquecimento atual tenha qualquer relação com os ciclos orbitais, mas existem outros candidatos na natureza. Um, ou uma combinação, desses ciclos da natureza poderia ser responsável por esse aquecimento global. Neste capítulo, examinaremos duas alternativas possíveis, que se destacam do restante: nosso Sol e o ciclo climático natural de curto prazo conhecido como Oscilação Decadal do Pacífico.

AQUECIMENTO NATURAL: O SOL

Sabe-se que o Sol tem relação com o clima da Terra desde a invenção há 400 anos do telescópio, que permitiu ver as manchas solares — e outras peculiaridades astronômicas) com mais clareza. As manchas solares são pequenas áreas escuras na superfície do Sol causadas por tempestades magnéticas. Durante o conhecido Mínimo de Maunder, um período de 70 anos nos séculos XVII e XVIII que fez parte da Pequena Idade do Gelo, quase não havia nenhuma mancha solar.

As várias manchas que aparecem em um ano pertencem a um dos muitos ciclos solares. O número anual dessas manchas aumenta e diminui em um intervalo de cerca de 11 anos, e a duração do ciclo também varia de 9 a 14 anos.

Junto com o número das manchas solares, o calor e a luz do Sol[165] movimentam-se durante o ciclo solar. Embora essa variação seja muito pequena para ter um efeito apreciável no clima, menos de uma parte em mil, o valor médio da radiação solar muda lentamente com o tempo — e essas alterações podem provocar aquecimento e resfriamento na superfície da Terra.

Existem ciclos com mais de 11 anos. A atividade solar e o número das manchas repetem-se a cada 11 anos e os valores máximos (e mínimos) também dão saltos adicionais a cada 87 anos e mais uma vez em intervalos de 210 anos. Diversas mudanças climáticas regionais têm sido relacionadas com o ciclo de 87 anos.[166] E os ciclos de 87 anos e de 210 anos podem estar associados a um outro, recém-descoberto, de 1.500 anos.

Assim como as ligações diretas entre o Sol e o clima da Terra, também existem efeitos solares indiretos envolvendo a radiação cósmica do espaço sideral, a própria radiação ultravioleta do Sol e até outros ciclos climáticos naturais.

Portanto, o Sol pode afetar nosso clima e contribuir para o aquecimento global de várias maneiras diferentes. Mas não seria surpreendente se o último relatório do IPCC tentasse minimizar essa influência solar, a fim de maximizar o papel que o CO_2 desempenha, como eles afirmam.

Mais manobras do IPCC: o aquecimento solar minimizado

O IPCC repetiu a dose.

Como vimos no capítulo anterior, o IPCC tem sido bastante seletivo ao escolher dados para reforçar sua argumentação do aquecimento global produzido pelo homem. O Painel fez isso com o registro de CO_2, selecionando os dados dos níveis de CO_2 no século XIX (Figura 3.5) para fazer com que o aumento de CO_2 atual parecesse maior do que realmente é.

A mesma fraude pode ser encontrada no tratamento dispensado pelo IPCC aos dados históricos da atividade solar, com exceção de que, dessa vez, o objetivo era fazer com que a contribuição da variabilidade do Sol para o aquecimento global parecesse menor do que de fato é. As variações desse astro talvez não possam explicar todo o aquecimento global existente até hoje, mas o Quarto Relatório de Avaliação do IPCC, em 2007, minimiza a contribuição solar quase à insignificância, escolhendo os registros históricos.

Os registros *proxy* de intensidade solar incluem números de manchas e os famosos isótopos cosmogênicos, que são traços da radioatividade deixados por raios vindos do espaço em *proxy* como núcleos de gelo, anéis de árvores. À medida que a radiação do Sol cresce ou diminui, os níveis de radioatividade dos radioisótopos aumentam e diminuem, deixando a marca da intensidade solar no momento.[167]

A variação da atividade do Sol inclui flutuações de curto prazo, durante o ciclo de 11 anos, assim como aumentos e diminuições em um prazo mais longo de radiação solar média, que podem ter efeito significativo no clima. A magnitude do efeito do Sol no aquecimento global atual depende de como a quantidade média da energia proveniente desse astro está acima do normal.

Segundo o IPCC,[168] a radiação solar hoje se intensificou apenas um pouco nos últimos 300 anos desde o Mínimo de Maunder, o período de 1645 a 1715, quando praticamente não havia manchas solares e sua atividade era baixa. Esse período coincide com a época mais fria da Pequena Idade do Gelo. Se o IPCC estiver correto, significa que qualquer contribuição solar para o aquecimento global hoje é muito pequena.

No entanto, a conclusão do Painel sobre a radiação solar baseia-se em uma escolha bastante seletiva de dados históricos, a saber, a exclusão de uma das estimativas mais baixas disponíveis da intensificação da radiação do sol desde o Mínimo de Maunder, assim como a possível interferência dos dados recentes de satélite, que discutiremos em breve.

A baixa avaliação do aumento da atividade solar nos últimos 300 anos é consequência do número de manchas solares registrado em um modelo computacional.[169] Apesar de as simulações do Sol em computador não serem, provavelmente, mais confiáveis que os modelos climáticos computacionais, a reconstrução da radiação solar neste modelo particular retroage apenas até 1713 e quase não inclui o próprio Mínimo de Maunder, que terminou em 1715.[170]

Na verdade, o relatório do IPCC de 2007 relaciona estimativas altas e baixas de incremento da atividade solar desde o Mínimo de Maunder. A maior avaliação é três vezes maior que a baixa com base nos *proxy* de manchas solares, porém calculada a partir dos níveis de radioatividade nos núcleos de gelo.[171] Mas a medida elevada também é escolhida, pois o IPCC negligencia outras ainda maiores oriundas da mesma fonte.[172]

Não é preciso dizer que o IPCC continua a ignorar tudo, com exceção de um número menor para calcular a contribuição solar para o aquecimento global.[173] Obviamente, um aumento maior da média de radiação solar desde o fim dos anos 1600 contribuiria muito mais para nosso aquecimento global atual do que o IPCC gostaria de admitir.

Em seu Terceiro Relatório de Avaliação de 2001, o incorrigível IPCC utiliza-se de um estratagema diferente para minimizar o efeito solar no aquecimento global.

Grande parte dos cálculos desse relatório não se baseiam em dados *proxy* de manchas solares ou núcleos de gelo, mas em comparações entre o Sol e outras estrelas similares. Um método, hoje, bastante desacreditado. Essas comparações, no entanto, produziram cálculos do ganho na atividade solar desde o Mínimo de Maunder ainda maiores que a maior estimativa rejeitada pelo IPCC em seu relatório de 2007. Para reduzir a grande diferença da radiação solar entre o passado e o presente, o IPCC mediu, de maneira indireta, o incremento atual apenas desde o ano 1750[174] – muito depois do fim do Mínimo de Maunder, e a intensidade do Sol e o número de manchas solares voltaram aos níveis mais que normais. Esse corte astuto reduziu à metade o aumento da atividade solar desde 1700.

Mais uma vez, e em outras duas ocasiões distintas, o IPCC deixou de lado as regras científicas para apoiar sua argumentação, nada convincente, de ser o CO_2 produzido pelo homem a fonte do aquecimento global. Como discuti anteriormente, uma das peças-chave do método científico é não ser possível ignorar ou rejeitar dados apenas porque não estão de acordo com nossa teoria. A pesquisa científica conduzida de maneira adequada analisa todos os dados, sem ser tendenciosa.

O IPCC tem sido tão determinado em banalizar o papel desempenhado pelo Sol no aquecimento global que nem se incomoda em incluir a contribuição solar em seu relatório de 2007. O Painel parece estimar a participação do Sol no aquecimento global total em apenas alguns pontos percentuais.[175]

Infelizmente, para a ciência, esse não é o fim da história.

O aumento da radiação solar nos últimos 300 anos, desde o Mínimo de Maunder, depende não apenas dos registros históricos mas também do conhecimento preciso da atividade solar hoje, oriundo das medidas de satélite. Segundo o IPCC,[176] o nível de atividade solar média permaneceu o mesmo durante os dois últimos ciclos de 11 anos, com base em um dos conjuntos de dados de satélite disponíveis.

Outro conjunto de dados de satélite, no entanto, mostra um incremento evidente da radiação solar média nesse período,[178] o que significa que o aumento da atividade solar da época do Mínimo de Maunder, livre de manchas, aos dias de hoje, é ainda maior que o estimado — e a contribuição solar para o aquecimento global é muito maior do que diz o IPCC.

O que há de perturbador na posição do IPCC é que Richard Willson, um dos administradores do segundo conjunto de dados de satélite, acusou recentemente seu colega, de outro conjunto de medidas de satélite, de "ajustes incorretos não autorizados" de dados, que demonstram uma radiação solar quase constante desde 1978.[179,180] Essa acusação de manipulação de dados, sustentada por outros cientistas especialistas no Sol, são mais um exemplo de como o IPCC foi longe para contestar qualquer evidência que contradiga suas afirmativas sobre o CO_2 e as temperaturas elevadas.

Existem muitas evidências de que a atividade solar aumentou consideravelmente nos últimos 300 anos, e que o papel do Sol no aquecimento global tem sido subestimado pelos modelos climáticos computacionais do IPCC.

A pesquisadora em ciência atmosférica Joanna Haigh cita diversos estudos nos quais todos sugerem que os modelos climáticos "podem subestimar a influência solar em até um terço".[181] Um estudo realizado pelos físicos matemáticos Nicola Scafetta e Bruce West, baseado em um tipo de modelo totalmente diferente, conclui que o Sol pode ter contribuído para mais de 50% do aquecimento global observado desde 1900.[182]

O IPCC, claro, ignora todos esses estudos. Como observador externo, achei difícil evitar a conclusão de que os modeladores do clima no IPCC intimidaram grande parte da comunidade da ciência solar a aceitar seu ponto de vista de que o Sol tem muito pouca relação com o aquecimento global atual, apesar de todos os dados contrários.

O ciclo climático de 1.500 anos

Uma descoberta recente que provocou grande agitação junto aos pesquisadores da climatologia foi o ciclo natural de cerca de 1.500 anos de duração que se manifestou durante as eras glaciais da Terra. Acredita-se hoje que esse ciclo climático de 1.500 anos continuará em períodos interglaciais mais quentes também, inclusive o que vivemos atualmente.

A descoberta original foi feita em 1980 pelos paleoclimatologistas Willi Dansgaard e Hans Oeschger, que analisaram os núcleos de gelo obtidos de perfuração profunda no manto de gelo da Groenlândia.[183] Descobriram uma série de flutuações climáticas rápidas quando a Terra, bloqueada por gelo, de repente esquentou um pouco em um período curto de décadas, apenas para resfriar gradativamente mais uma vez até temperaturas glaciais frígidas.

Essas fases abruptas de aquecimento, entre os quais 25 foram identificadas durante a última era glacial, são conhecidas como eventos Dansgaard-Oeschger. Se você olhar de perto para os dados da temperatura da era glacial na Figura 5.1, será capaz de identificar alguns deles.

Depois da fase da era glacial da Groenlândia, núcleos de gelo também foram encontrados na Antártica e descobertas posteriores de núcleos de sedimento no mar revelaram que o ciclo de 1.500 anos se manteve desde o fim da última era glacial até o presente.[184] Os sinais do ciclo climático de escala milenar estavam enterrados nos núcleos do fundo do mar que permanecem como um "*Coelhinho do anúncio de pilhas**, empurrando periodicamente a temperatura para cima e para baixo durante as eras glaciais e interglaciais. As mudanças climáticas são igualmente repentinas, esteja a Terra ou não em uma era glacial.

O ciclo, no entanto, não se repete mais com a mesma regularidade do relógio dos aquecimentos Dansgaard-Oeschger durante as idades do gelo. As flutuações mais recentes surgiram e desapareceram, ao contrário, em intervalos irregulares, variando entre 1.000 e 2.000 anos.[185]

O ciclo climático de 1.500 anos (mais ou menos 500) tem sido relacionado ao Sol, como descrito amplamente no livro recente de Fred Singer e Denis Avery.[186] A conexão com o Sol apoia-se em uma ampla variedade de evidências *proxy* que incluem não apenas núcleos de gelo e sedimentos do fundo mar, mas também anéis de árvores, fósseis de pólen, recifes de coral, estalagmites de cavernas e avanços e recuos de glaciares, além do limite florestal.

Entretanto, um problema para essa explicação é que não existem ciclos solares de 1.500 anos. Como mencionei antes neste capítulo, a

---

* O coelho cor-de-rosa das pilhas Duracell©.

variabilidade natural do Sol inclui ciclos de 87 e 210 anos, assim como um ciclo de manchas solares de 11 anos, embora não exista nada conhecido que seja maior.

Para explicar os eventos de Dansgaard-Oeschger, as mudanças abruptas na temperatura que pontuam as eras glaciais em intervalos de 1.500 anos, um grupo alemão de pesquisadores do clima propôs um modelo em que as variações da atividade solar possuem, de fato, um ciclo de cerca de 1.500 anos, pelo menos durante as eras glaciais.[187]

A ideia básica é que uma combinação (ou superposição, em termos matemáticos) dos ciclos de 87 e 210 anos do Sol poderia produzir um ciclo terrestre de 1470 anos de duração. Isso porque sete dos ciclos solares de 210 anos ou 17 ciclos solares mais curtos de 87 anos encaixam-se exatamente em 1.470 anos, os dois ciclos solares incrementam um ao outro a cada 1.470 anos de ciclo terrestre.[188]

Para testar sua ideia, os pesquisadores submeteram um modelo climático de computador às condições do clima na era glacial. Seu modelo, quando "forçado por uma entrada de água doce periódica no oceano Atlântico Norte em ciclos de 87 e 210 anos", simulou com êxito mudanças climáticas rápidas similares aos eventos de Dansgaard-Oeschger, com um intervalo de 1.470 anos.[189]

Embora a equipe alemã não tente simular mudanças climáticas menos regulares que tenham ocorrido em 11 mil anos desde o fim da última era glacial, os cientistas indicam que existem evidências suficientes, nesse período, de eventos associados aos ciclos solares de 87 anos e 210 anos que foram usados como perturbações climáticas em seu modelo da era glacial.

Na verdade, uma análise cuidadosa das evidências dos sedimentos do fundo do mar para o ciclo climático de 1.500 anos pós-era glacial mostra realmente que este consiste em ciclos dentro de um ciclo, com vários "nódulos" menores — correspondendo aos ciclos solares de 87 anos e 210 anos — em cada segmento do ciclo maior.[190] Uma interpretação um pouco diferente surgiu recentemente, em que o ciclo de 1.500 anos não tem origem no Sol mas surge da circulação das correntes profundas do oceano, enquanto derivam do Sol dois outros ciclos, com duração de mil e 2.500 anos.[191]

Existem inúmeros dados confiáveis mostrando que um ciclo climático de 1.500 anos (mais ou menos 500) está relacionado ao Sol. A pergunta-chave é se este ciclo pode contribuir para o aquecimento global atual.

Se o ciclo de 1.500 anos explica as temperaturas elevadas dos dias de hoje, então deve ter havido períodos anteriores de aquecimento global mil a dois mil anos atrás, e mais uma vez mil há 2 mil anos antes disso. E havia: o Período Quente Medieval, que começou em torno do ano 800 (ver Figura 3.2), e o chamado Aquecimento Romano, cerca de mil anos antes. Ambos estão muito bem documentados em registros históricos.[186]

Portanto, a irregularidade do comportamento do ciclo de 1.500 anos dificulta a certeza de que estejamos atualmente em outra fase de aquecimento deste ciclo. Se a última fase de aquecimento começou por volta do ano 800, a próxima teria aparecido desde 1800, mas, em contrapartida, talvez não apareça por mais algumas centenas de anos.

O Sol é uma maneira de verificar isso, pois já sabemos que o ciclo climático de 1.500 anos está vinculado à radiação solar. A equipe de pesquisa que usou sedimentos do fundo do mar para confirmar a existência do ciclo de 1.500 anos também empregou dados *proxy* de núcleos de gelo e anéis de árvore para relacionar o ciclo à atividade solar.[190] Os mesmos *proxy* solares, que envolvem isótopos radioativos de vida longa, têm sido utilizados por outro grupo de pesquisa para concluir que a atividade solar é maior hoje do que era durante o Mínimo de Maunder, como discutido na seção anterior — embora os autores digam que o nível de atividade está alto no momento em decorrência dos vários períodos curtos dos últimos mil anos.[192]

Essa atividade solar elevada atual, que o IPCC chega a desviar de seu caminho para minimizar, pode ser um sinal de que entramos na fase de aquecimento seguinte do ciclo de 1.500 anos da Terra. O IPCC, sem mencionar diretamente este ciclo climático, nem tentar fazer um modelo (nem dos ciclos menores de 87 anos e 210 anos), compreende, no mínimo, a "variabilidade milenar" do clima e sua relação possível com o Sol.[193]

O aquecimento oriundo do espaço sideral

As variações na radiação solar são pequenas, menos de um décimo de 1% no ciclo de manchas solares de 11 anos, e talvez apenas poucas vezes chegue a esse número nos 300 anos desde o fim do Mínimo de Maunder, no início do século XVIII. Como vimos, isso pode ser suficiente para explicar parte substancial de nosso aquecimento global atual, mesmo que o IPCC queira que acreditemos o contrário.

Como essas pequenas mudanças na atividade solar podem afetar nosso clima?

Uma resposta está nos efeitos indiretos do Sol e não no efeito direto do calor do Sol, que é absorvido pelos gases na atmosfera, pelas nuvens, pelos oceanos e pela superfície da terra;[194] mas por efeitos indiretos e secundários associados aos raios cósmicos galácticos, à radiação ultravioleta do Sol ou talvez a um dos padrões de circulação atmosférica da Terra. É possível que um aumento minúsculo na atividade solar possa ser ampliado por um desses efeitos indiretos, por meio de um processo de *feedback* positivo.[195]

Os raios cósmicos são partículas carregadas eletricamente e superenergéticas, em grande parte originadas de estrelas que explodiram na Via Láctea e bombardeiam continuamente a atmosfera superior. O Sol, no entanto, produz suas próprias partículas carregadas,[196] que podem desviar esses raios da Terra. Quando a atividade solar aumenta, o número de raios cósmicos que atinge a atmosfera diminui; à medida que a atividade solar declina, mais raios cósmicos atravessam a atmosfera.

Segundo uma proposta recente feita pelo físico Henrik Svensmark, os raios cósmicos podem provocar a formação de nuvens — sobretudo nuvens baixas que cobrem mais de 25% da superfície da Terra e promovem o resfriamento.[197]

A ideia de que um pequeno aumento na atividade solar diminui o número de raios cósmicos pode, portanto, reduzir o efeito de resfriamento das nuvens baixas, ampliando o efeito do aquecimento direto do próprio Sol. Nas palavras de Svensmark, a relação entre as nuvens e os raios cósmicos fornece "um mecanismo para a mudança climática impulsionada pelo Sol de maneira mais poderosa que as mudanças na radiação solar".[198]

Svensmark afirma que esse mecanismo indireto de nuvens é capaz de explicar não só o aquecimento global moderno, mas também o ciclo climático de 1.500 anos discutido na seção anterior, e até o aparecimento e o fim das eras glaciais em um passado muito distante. Há milhões de anos, a variabilidade da nebulosidade induzida por raios cósmicos tinha menos relação com a atividade solar, diz Svensmark, do que com as mudanças no número de raios cósmicos que atingia o Sol em primeiro lugar, e oscilava à medida que o sistema solar se movia através dos braços em espiral de nossa galáxia.[199] Outros pesquisadores descobriram que o número de raios cósmicos na vizinhança do Sol varia, de fato, em um ciclo de cerca de 140 milhões de anos.[200]

Entretanto, as afirmações de longo alcance de Svensmark constituem uma grande especulação no presente. A noção de que os raios cósmicos estejam vinculados à cobertura de nuvens baixas baseia-se em um experimento de laboratório de pequena escala, que podem não ser uma simulação realista das verdadeiras condições da atmosfera da Terra.

Um teste mais definitivo sobre a contribuição dos raios cósmicos para o aquecimento global será realizado em 2010, quando um experimento em grande escala terá início nas instalações de bombardeamento de partículas em Genebra.[201]

Já está bem sedimentado que uma leve cintilação da radiação solar regula diversos raios cósmicos que alcançam a atmosfera. Se os experimentos em Genebra mostrarem uma ligação entre os raios cósmicos e as nuvens baixas significará que os raios cósmicos são um amplificador poderoso da atividade solar por seu efeito na cobertura de nuvens. Mais adiante, neste capítulo, veremos como as mudanças na cobertura de nuvens podem provocar aquecimento global por um mecanismo diferente, envolvendo a Oscilação Decadal do Pacífico.

O IPCC restringe suas apostas nos raios cósmicos dizendo que à medida que "têm sido relatadas associações empíricas entre a cobertura de nuvens baixas e os fluxos dos raios cósmicos", seu nível de entendimento científico das influências destes raios é "muito raso".[202] Esse conhecimento limitado incentivou, claro, o IPCC a omitir todos os efeitos solares indiretos de seus modelos computacionais — embora a compreensão cada vez mais limitada e "pequena" sobre os efeitos solares diretos[203] não o tenha impedido de incluí-los nesses modelos.

O aquecimento por ozônio

Outro efeito indireto de aquecimento pelo Sol implica a camada de ozônio.

Certamente já se ouviu falar sobre os buracos na camada de ozônio, que são preocupantes pois permitem que uma maior quantidade de radiação ultravioleta (UV) nociva, proveniente do Sol, penetre na atmosfera e atinja a superfície da Terra nessas regiões do globo. A camada de ozônio protege-nos, em geral, de grande parte dos raios UV, absorvendo-os.

À medida que a radiação solar de calor e luz visível oscila, o mesmo acontece com a produção de UV invisível. O Sol, quando está mais ativo, gera mais radiação UV, que cria mais ozônio na atmosfera.[204] Essa camada de ozônio, ligeiramente mais espessa, fornece um pouco mais de proteção UV, absorvendo mais luz do sol.

A absorção do UV solar também aquece a camada de ozônio, pois todas as formas de radiação provenientes do Sol (inclusive a luz visível, UV e o infravermelho) levam energia na forma de calor, que por sua vez aquece a atmosfera e amplia o aquecimento direto causado pela atividade solar,[205,206] ou acreditava-se nisso até pouco tempo.

No entanto, essa explicação para o aquecimento indireto foi questionada[207] e outros mecanismos solares indiretos para ampliação das variações solares — além dos raios cósmicos e da radiação ultravioleta — têm sido sugeridos.[208]

Outros planetas

Se o Sol desempenha uma função importante no aquecimento global da Terra, esperaríamos que outros planetas do sistema solar apresentassem sinais de aquecimento também. Mas enquanto existirem afirmações isoladas de que haja de fato aquecimento global planetário, creio, nesse estágio, que todas essas afirmações devem ser tomadas com um pouco de ceticismo.

Uma das razões é a extrema escassez de dados e estudos científicos. Mesmo com a publicação anual de centenas de artigos de pesquisa sobre o clima em nosso próprio planeta, há muita divergência sobre o que faz com que as temperaturas aumentem — apesar dos esforços constantes do IPCC e dos alarmistas do aquecimento global para convencer-nos de que o CO_2 seja o culpado. Sendo assim, não prestaríamos muita atenção no que é apenas um punhado de artigos sobre as tendências de aquecimento em outras partes do sistema solar.

Um exemplo de como é fácil ser induzido a erro por dados limitados pode ser encontrado em estudos recentes sobre Marte, onde as tempestades de poeira são predominantes.

Em relação ao escurecimento da superfície do planeta, uma equipe de cientistas espaciais calculou que nos 22 anos entre as duas missões da NASA a Marte teria havido um aquecimento de 0,65° Celsius (1,2° Fahrenheit). Isso é quase o aquecimento global que estamos vivenciando na Terra em 160 anos. Atribuindo o aquecimento a mudanças na poeira da superfície refletora do Sol (embora não à atividade solar), a equipe de pesquisa relacionou o aumento súbito de temperatura ao derretimento da cobertura de gelo próxima ao Polo Sul marciano nos últimos anos.[209]

Um grupo diferente de pesquisadores, no entanto, indicou que a primeira missão a Marte ocorreu logo após a tempestade de poeira global ter feito com que o planeta parecesse muito mais claro do que 22 anos depois.[210] Na verdade, o brilho da superfície não mudou muito ao longo do tempo, então isso não nos diz o suficiente sobre o aquecimento em Marte.

O derretimento da cobertura de gelo no sul poderia ser outro sinal de aumento da atividade solar, discutido anteriormente neste capítulo, que está influenciando hoje o clima na Terra. Entretanto, na ausência de quaisquer outros dados, isso não constitui um argumento forte para o aquecimento global em Marte.

Outra razão para o ceticismo sobre as evidências do aquecimento global em outros planetas é que a maioria possui "anos" muito longos. Netuno leva 165 anos terrestres para concluir uma órbita em torno do Sol, por exemplo, o que significa que precisamos esperar um longo tempo para garantir que qualquer tendência de aquecimento que observemos não seja apenas uma mudança de estação nesse planeta. O possível aquecimento global relatado em Netuno,[211,212] na lua Triton de Netuno e em Plutão[214] foram todos relacionados, pelo menos em parte, a efeitos planetários sazonais.

Vênus é o planeta em que o CO_2 promoveu, de forma inquestionável, aquecimento, e possui uma atmosfera densa constituída de 97% de CO_2, muito acima do nível atual de CO_2 na Terra, de cerca de 390 partes por milhão (0,039%). O efeito de gás-estufa descontrolado em Vênus produz condições semelhantes a uma fornalha, com uma temperatura na superfície em torno de 470° Celsius (880° Fahrenheit). Mas isso é o que acontece há bilhões de anos e o planeta não está mais quente hoje com o sol.

AQUECIMENTO NATURAL: OSCILAÇÃO DECADAL DO PACÍFICO (PDO)

A variabilidade natural do clima inclui vários padrões conhecidos de comportamento cíclico. Tais comportamentos acontecem em decorrência de mudanças no vento e na circulação dos oceanos durante meses e anos, entretanto aparecem como flutuações na temperatura, na precipitação pluviométrica e em outras características de nossa previsão de tempo diária e semanal.

Os ciclos familiares do El Niño e La Niña têm origem com as oscilações das temperaturas na superfície dos oceanos tropicais, que promovem mudanças drásticas no clima no oceano Pacífico,[215] por um período que se estende a um ano ou mais. O El Niño de 1997-1998, um dos mais fortes de que temos registro, elevou as temperaturas da superfície, no mundo inteiro, em torno de 0,17° Celsius (0,3° Fahrenheit)[216] — uma fração apreciável do aquecimento global total desde 1850 — em um ano. Os efeitos mais graves do El Niño e La Niña variam, desde inundações catastróficas nos Estados Unidos e no Peru até secas graves na Austrália.

Os ciclos ocorrem com regularidade, embora os intervalos entre eles possam variar bastante.

Outros ciclos naturais que se repetem em intervalos de anos e décadas incluem a Oscilação Ártica, a Oscilação Decadal do Pacífico e a Oscilação Multidecadal Atlântica. Embora os modelos climáticos do IPCC empenhem-se em simular os diversos ciclos, eles não têm obtido êxito em prever o momento e os efeitos climáticos de vários desses ciclos.[217]

Recentemente, Roy Spencer e sua equipe de pesquisa na Universidade do Alabama, em Huntsville, propuseram que mudanças de *nuvens* estavam associadas à Oscilação Decadal do Pacífico (PDO) e talvez contribuíssem em grande parte para o aquecimento global medido,[218] que o IPCC e os alarmistas insistem em atribuir ao CO_2. O grupo da Universidade do Alabama é o mesmo que descobriu evidências nas observações de satélite de *feedback* de CO_2 negativo promovido pelas nuvens, assunto discutido no Capítulo 5. A nova teoria do aquecimento global apoia-se também em dados de satélite.

A PDO tem as características do El Niño, mas o tempo do ciclo é muito maior — cerca de trinta anos para a PDO, em comparação com a duração de um a dois anos do El Niño. Embora as flutuações da PDO possam ser encontradas, no mínimo, há alguns séculos, o padrão distinto não foi reconhecido até a década de 1990, quando cientistas de U.S. Fisheries, tentando explicar a conexão entre a falta de salmão no Alasca e o clima no Pacífico, batizaram-na de Oscilação Decadal do Pacífico.

O ciclo de PDO alterna entre as fases quente e fria. Durante a fase quente de trinta anos, as temperaturas na superfície do oceano, no nordeste do Pacífico, são maiores que o normal, e no sudeste americano, mais frias e úmidas que o usual; na fase fria de trinta anos predominam temperaturas oceânicas mais baixas e condições mais secas e quentes na Terra, respectivamente.

TABELA 6.1: AQUECIMENTO NATURAL – ALTERNATIVAS AO CO_2

Alternativa

1. *Variabilidade solar*
   - Um aumento de 300 anos na emissão de calor e de luz do Sol desde a mancha do Mínimo de Maunder durante a Pequena Idade do Gelo.
   - O ciclo climático de 1.500 anos, que se manteve, tanto nas eras glaciais como nos períodos interglaciais, e pode estar vinculado aos ciclos solares de 87 e 210 anos.
   - O aquecimento indireto pelo bloqueio dos raios cósmicos promovido pelo Sol. Esse bloqueio pode reduzir o resfriamento das nuvens baixas quando o Sol está mais ativo.
   - O aquecimento indireto pela radiação ultravioleta do Sol, que aquece a camada de ozônio na atmosfera.
2. Variabilidade da cobertura de nuvens associada à *Oscilação Decadal do Pacífico* (*PDO*), um ciclo climático natural que alterna entre quente e frio a cada trinta anos.

O QUE HÁ DE ERRADO COM ESSE CENÁRIO?

O IPCC afirma de maneira equivocada que quase todo aquecimento global é causado pelo CO_2 produzido pelo homem, e que a variabilidade climática natural quase não tem influência.

O IPCC assegura, de forma equivocada, que a única contribuição natural para a tendência do aquecimento atual indireto seja o efeito solar direto, e minimiza de maneira decepcionante até mesmo essa contribuição.

Possíveis fontes de aquecimento global, como o efeito solar indireto e os ciclos climáticos naturais como a PDO, são omitidos dos modelos de computador do IPCC.

Grande parte do empenho do IPCC é dedicado a sustentar sua argumentação em favor da hipótese equivocada do aquecimento global por CO_2. Muito pouca atenção é dada à investigação de explicações alternativas para as temperaturas mais altas.

Muito antes da equipe de Spencer ter feito suas observações de satélite, o meteorologista Joe D'Aleo[219] e outros indicaram que as fases quente e fria da PDO coincidem com períodos importantes de aquecimento e resfriamento, respectivamente, no século XX. Embora a tendência global das temperaturas desde 1850 ter sido de elevação, percebe-se, no mínimo, dois intervalos em que despencou durante uma década ou mais (Figura 2.1). Toda vez que o modo PDO muda de quente para frio, ou vice-versa, as temperaturas globais também mudam (ver Figura B.1).

Para alguns céticos, essa coincidência explica o aquecimento global. Mas, enquanto a PDO pode ser uma explicação para o aquecimento global, não é apenas porque a temperatura segue as fases quente e fria do ciclo oscilatório.

Spencer postula que a variabilidade natural da PDO promove mudanças não apenas na temperatura e na precipitação como também na cobertura de nuvens. Como se pode lembrar dos primeiros capítulos, as nuvens baixas esfriam a superfície da Terra, enquanto as nuvens altas têm o efeito de aquecer. Esse aquecimento pode ter origem em uma redução de nuvens baixas, ou no aumento de nuvens altas, ou ambos. Nas palavras de Spencer:

> Essa mudança nas nuvens faz com que o sistema climático passe por flutuações naturais de temperatura média durante grandes períodos de tempo. O IPCC presume apenas que esse tipo de variabilidade natural de nuvem não existe e que a Terra permanece em um estado perpétuo de balanço radioativo que apenas há pouco foi rompido pelas emissões de gases-estufa da humanidade.[218]

Discutindo essa afirmação do IPCC, Spencer diz que seu grupo já demonstrou teoricamente que variações aleatórias *diárias* de nebulosidade podem fazer com que as temperaturas do oceano variem ao longo das *décadas*, o que é uma assinatura da PDO.[220]

A nova proposta da Universidade do Alabama estende essa ideia a variações na cobertura de nuvens que ocorrem em um tempo de até cem anos e não em intervalos de dias — que podem então causar modificações na temperatura em longo prazo, como o aquecimento global. Embora a PDO localize-se no oceano Pacífico, a mistura de águas do oceano no mundo inteiro, em um determinado período de tempo, pode resultar em variabilidade da cobertura global de nuvens.

Usando um modelo climático simples, com muito poucas afirmativas e com variações na cobertura de nuvens diretamente relacionadas com as ondulações observadas da PDO, Spencer simulou temperaturas globais para o século XX.[221] É surpreendente que esse modelo simples de PDO, por si só, possa explicar até 75% do aquecimento global observado em todo período desde 1900 até 2007.

Os 25% restantes viriam de outra fonte natural como o Sol, o CO_2[222] ou talvez de alguma combinação de ambos. Determinados pesquisadores sugeriram que a variabilidade solar pode afetar o clima na Terra, de maneira indireta, perturbando os ciclos naturais como a Oscilação Ártica,[223] a Oscilação do Atlântico Norte e até a PDO.

O resumo das evidências de satélite para a variabilidade da cobertura de nuvens da PDO encontra-se no apêndice B. Não é surpreendente que a análise dos dados de satélite demonstre *feedback* das nuvens fortemente negativo, como encontrado nos primeiros estudos de outros dados de nuvens realizados pela equipe de Spencer.[224]

O *feedback* negativo diminui o aquecimento provocado pelo CO_2 atmosférico, que age sozinho, reduzindo-o a um nível baixo ou até insignificante. Como destaca Spencer, "as evidências continuam a aumentar, mostrando que os modelos do IPCC são sensíveis demais e, portanto, produzem muito aquecimento global. Se a sensibilidade climática for de fato consideravelmente menor do que afirmou o IPCC, então apenas os aumentos de CO_2 não são capazes de explicar o aquecimento global recente."[218]

Em 2008, a fase de aquecimento de trinta anos da PDO, que começou em 1977, chegou ao fim. Isso levou a uma nova fase de resfriamento, assim como a mudança ocorrida no início dos anos 1940 promoveu o resfriamento global nos trinta anos seguintes. É importante observar que esses períodos de resfriamento também estão previstos pelo modelo de variabilidade da cobertura de nuvens da PDO, e a ideia básica é de que a PDO causa esta variabilidade no longo prazo que conduz ao aquecimento e resfriamento globais.

Um único estudo não fortalece a argumentação da variabilidade da cobertura de nuvens da PDO como causa de 75% ou mais do aquecimento global, como vimos. Mas, desde que o IPCC e os alarmistas do aquecimento global tenham mais probabilidade de estarem errados sobre o CO_2, a teoria da PDO é, com certeza, uma boa hipótese, uma explicação natural. Investigações posteriores talvez validem essa teoria alternativa.

Como são diferentes essas explicações naturais da história do CO_2 daquelas empurradas pelo IPCC e pelos alarmistas do aquecimento global! Segundo a hipótese do CO_2, que examinamos em profundidade nos capítulos anteriores, quase todas as medidas de aquecimento desde 1850 têm sido provocadas pelas emissões humanas de CO_2.

Os ciclos naturais, como as mudanças de nuvens da PDO, discutidos aqui, foram sumariamente rejeitados pelo IPCC, o que aumenta o efeito da suposição da atividade solar como única fonte de variabilidade climática natural a contribuir para o aquecimento global.[225] E faz com que seja enganosa a tentativa de minimizar até essa contribuição.

Devemos admitir que nossa compreensão atual da variabilidade natural é muito limitada. Mas isso não é razão para excluir as causas naturais, além do Sol, dos modelos climáticos de computador.

O IPCC diz que seus modelos de computador seriam incapazes de acompanhar os registros das temperaturas medidas para o século XX, se incluíssem apenas fontes naturais de aquecimento.[226] Isso porque a única fonte natural simulada pelos modelos são os efeitos solares diretos, sem falar das limitações intrínsecas dos próprios modelos. Todas as outras possibilidades naturais, inclusive os efeitos, como os raios cósmicos, além dos ciclos climáticos, como a PDO, são omitidos.

O IPCC exagera muito em sua suposta habilidade para detectar um "sinal antropogênico" nos dados climáticos, sobretudo nos registros de temperatura, como a comprovação do aquecimento global provocado pelo homem.

Tudo isso significa, na realidade, que os modelos climáticos de computador, com todos os seus pressupostos sobre o CO_2 e o sistema do clima, podem ser ajustados para simular registros climáticos — e que isso não é muito surpreendente, com tantos parâmetros variados para trabalhar. A boa adequação aparente dos dados do clima não valida os modelos nem autentica a conexão entre o CO_2 e o aquecimento global. Uma equiparação igualmente boa dos dados pode ser conseguida com um conjunto diferente de pressupostos, com base em contribuições maiores dos ciclos naturais do Sol e dos ciclos naturais que o IPCC sabe muito pouco como modelar.

Infelizmente não existe uma compreensão adequada da variabilidade climática natural. Nos últimos vinte anos, a comunidade da ciência do clima, em geral, e o IPCC, em particular, estão obcecados pelo CO_2. Se apenas uma pequena fração das inúmeras horas e semanas de esforço desperdiçados tentando justificar a teoria do CO_2 tivesse sido dedicada às possíveis causas naturais dos aumentos de temperatura, talvez hoje tivéssemos dados suficientes para avaliar de maneira adequada as explicações alternativas.

CAPÍTULO 7

O resfriamento global

Os alarmistas e os céticos concordam que o nível de CO_2 aumenta ano após ano. Para os alarmistas, essa subida inexorável do CO_2 é motivo de pânico, pois as temperaturas também estão se intensificando — o que significa que ficará cada vez mais quente. Se não paramos de emitir CO_2 imediatamente, prossegue o argumento alarmista, a temperatura atingirá um ponto extremo e não haverá retorno.

O grande problema dessa linha de raciocínio, além das hipóteses imprecisas da ligação do CO_2 com o aquecimento global, é que a temperatura recusa-se a cooperar. Desde 2002, os termômetros globais caem.

Isso mesmo, está esfriando.

O REVERSO DA FORTUNA

Apesar dos protestos alarmistas sobre a veracidade dos relatórios acerca das tendências de resfriamento, desde que estas ficaram evidentes pela primeira vez, o período de baixa temperatura ganhou credibilidade no início de 2009, com a liberação de um estudo feito por dois matemáticos cientistas da Universidade do Wisconsin-Milwaukee.[228] Esse estudo descobriu que as temperaturas mundiais, que subiam de modo constante nos trinta anos precedentes (ver Figura 7.2), haviam estabilizado e começado, na verdade, a baixar desde o final de 2001.

Como se isso não fosse suficiente para chocar os alarmistas do aquecimento global, o estudo antecipa que o resfriamento continuará nos próximos trinta anos. Ao afirmar que os períodos de resfriamento não podem ser atribuídos a nenhuma causa específica, embora deva ser natural, o coautor Kyle Swanson destacou: "Isso não se assemelha ao fenômeno que observamos em 1950."[229]

Mas isso não parou a escalada da concentração de CO_2 na atmosfera. A Figura 7.1 mostra as temperaturas desde 2002, medidas por satélite,[230] assim como o nível de dióxido de carbono. A temperatura dos termômetros colocados na Terra revela um comportamento idêntico aos dos dados coletados de satélite no mesmo período.[231]

A queda da temperatura apresentada pela regressão linear na Figura 7.1 é indiscutível. Até o início de 2009 (que não está incluído no gráfico), a temperatura média caiu quase 0,15° Celsius (0,3° Fahrenheit) em pouco mais de sete anos.[232] Esse acontecimento cancela quase um terço da elevação da temperatura desde o começo do repentino aquecimento atual nos anos 1970.

Figura 7.1: Temperaturas recentes e o nível de CO_2

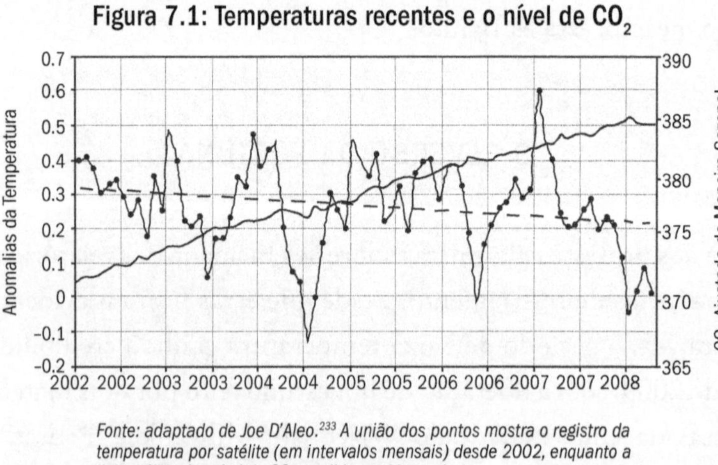

Fonte: adaptado de Joe D'Aleo.[233] A união dos pontos mostra o registro da temperatura por satélite (em intervalos mensais) desde 2002, enquanto a linha sólida é o nível de CO_2 medido em Mauna Loa.

Talvez você imagine o que o IPCC e os alarmistas do clima têm a dizer sobre tudo isso. Por gostar de acusar os céticos de negadores da mudança climática, os alarmistas negaram primeiro a si próprios, com relação às temperaturas em queda. Mas, desde que a realidade da tendência atual de resfriamento se tornou evidente, o movimento dos alarmistas adotou uma nova tática.

Esse resfriamento é um novo aquecimento!

Não estou brincando. Mas existem muitas pessoas, cientistas e também não cientistas, que acreditam que o resfriamento global apenas prova a existência do aquecimento global. Não importa a falta de lógica disso. Em dezembro de 2008, um correspondente da Associated Press escreveu, em uma matéria apresentada pela ABC News e outros jornais importantes:

> Por ironia, 2008 está a caminho de ser um ano mais frio, mesmo com a tendência constante de elevação da temperatura. Os especialistas dizem que isso se deve à variação meteorológica provocada pelo La Niña. Enquanto os céticos ainda utilizam essa queda como evidência de algum tipo de tendência de resfriamento, a variação ilustra, na verdade, a aceleração do aquecimento mundial.[234]

Deixando de lado as contorções mentais desse tipo de pensamento, deveríamos reconhecer que um período extenso de resfriamento — mesmo que dure mais trinta anos — não é necessariamente o fim do aquecimento global. O registro da temperatura em 1850 está ilustrado a seguir (Figura 7.2), e também no Capítulo 2, quando se considera, de maneira aproximada, o início do aquecimento moderno. Como podemos ver, existiram diversos períodos de resfriamento ao longo do tempo, durante os quais a temperatura subiu quase 0,8° Celsius (1,4° Fahrenheit) no total.

O gráfico da Figura 7.2 pode ser dividido em cinco períodos, de cerca de trinta anos cada, em que as temperaturas aumentaram e diminuíram de forma alternada. Entre 1850 e 1880, a temperatura subiu; de 1880 a 1910, caiu outra vez, apenas para aumentar mais até 1940; e assim por diante.[235] Na verdade, esse padrão intercalado no registro de temperatura tem início em 1470, com um ciclo de tempo de quase 27 anos.[236]

Esses trinta anos consistem no ciclo de tempo da Oscilação Decadal do Pacífico, discutida no capítulo anterior, e também, por aproximação, da Oscilação Multidecadal Atlântica,[237] e podem ser importantes, embora nosso conhecimento de ambos os ciclos naturais seja muito limitado no momento para tirar quaisquer conclusões dessa observação.

Não se sabe o que acontecerá quando a queda atual das temperaturas chegar ao fim. Com base nos padrões de trinta anos discutidos há pouco, esperaríamos outro episódio de aquecimento. Na verdade, o estudo da Universidade do Wisconsin conclui que o resfriamento atual "superpõe-se ao aquecimento global talvez em virtude do aumento dos gases-estufa".[228]

Entretanto, essa hipótese assume que o CO_2 conduz o clima, uma afirmativa que tem muita probabilidade de estar errada, como já vimos. Ainda que os autores do estudo jurem fidelidade à hipótese do CO_2, talvez seja apenas com objetivo de manter sua posição na comunidade da ciência do clima.

Como discutimos no Capítulo 5, a sensibilidade do sistema climático da Terra ao acréscimo de CO_2 tem muito pouca possibilidade de ser tão alta como afirma o IPCC. O fato de estarmos em um período de resfriamento, enquanto o CO_2 continua a aumentar, atesta a baixa sensibilidade ao CO_2.

Figura 7.2: Registro da temperatura de 1850

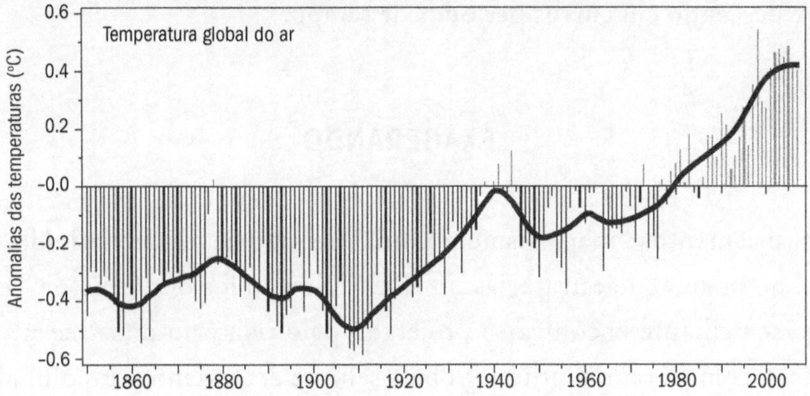

Fonte: Climatic Research Unit (CRU)[238]

Não há, assim, tanta certeza de que as temperaturas retomarão o estado anterior de elevação quando a fonte natural responsável pelo declínio atual for retirada em vinte ou trinta anos. É bem possível que uma outra fonte de variabilidade natural apareça e mantenha a tendência descendente da temperatura.

Alguns cientistas que estudam o Sol previram que a emissão de energia solar, que se acredita hoje estar em uma alta de 300 anos, como discutimos anteriormente, diminuirá nas próximas duas décadas e, em 2030, apenas a redução da atividade solar resultará em temperaturas substancialmente mais frias — talvez até comparáveis ao resfriamento da Pequena Idade do Gelo no século XVII.[239]

Nós não temos todo conhecimento sobre o clima para fazer previsões precisas, de um modo ou de outro, e dizer se o tempo aquecerá ou esfriará depois que terminar o resfriamento atual. O IPCC e os alarmistas do aquecimento global fizeram uma lavagem cerebral na mídia e no público em geral para que acreditemos que o aumento constante das temperaturas na última parte do século XX continuará imperturbável. Uma rápida olhada no registro histórico de longo prazo (Figura 3.2), entretanto, mostra-nos que as temperaturas globais estão sempre subindo e descendo em curtos períodos de tempo.

EXAGERANDO

O resfriamento global, mesmo por um intervalo de tempo limitado, não está no manual de estratégias do IPCC. Se não for o inferno na Terra, algo semelhante encontra-se projetado pelo relatório mais recente do Painel, com as temperaturas globais sempre ascendentes até o final do século XXI. Além do aquecimento sem fim, diz o relatório, existirão ondas de calor intensificadas, aumentando os níveis dos oceanos e prolongando as secas.[240]

Todas essas projeções baseiam-se nos modelos climáticos computacionais do IPCC — que, como sabemos, dependem muito do CO_2 (e outros gases-estufa), com uma pequena contribuição do sol e de nenhuma outra fonte natural. As previsões abrangem uma variedade de cenários futuristas, que levam em conta estimativas variáveis de emissões de CO_2, população mundial e crescimento econômico.[241]

Enquanto os diversos cenários produzem diferentes prognósticos dos saltos presumidos de temperatura no final do século, o aquecimento calculado para as primeiras décadas até 2030 é quase o mesmo em todos os horizontes. Desde 2002 até o início de 2009, o aquecimento global projetado pelo IPCC era de 0,14° Celsius (0,25° Fahrenheit).[242]

Que erro podemos estar cometendo?

Nesses sete anos, as temperaturas médias da superfície *caíram* tanto quanto a elevação prevista pelo IPCC no mesmo intervalo de tempo. Isso significa que a temperatura de 2009 foi superestimada pelo IPCC em cerca de 0,3° Celsius (0,5° Fahrenheit).[243] Se a tendência ao resfriamento se mantiver, como parece, em 2011 ou 2012, o aumento total de temperatura desde 1980[244] — metade para todo o período desde 1850 — terá sido anulado.

O IPCC, consumido pelas leituras recentes de temperaturas elevadas, as mais altas em centenas de anos, não conseguiu perceber a tendência ao resfriamento. Seus relatórios de 2007 incluem registros de dados de temperaturas bem recentes, até de 2005, em queda há três anos, e os gráficos da projeção mostram as temperaturas avançando ainda, a cada ano, desde 2000.[242] Esse seria um bom exemplo de incoerência.

As estimativas da temperatura feitas pelo IPCC para a primeira década do século estão tão longe da realidade que é impossível dar crédito a suas projeções infladas para 2100, projeções essas nas quais o IPCC afirma ter um nível de confiança de 66%.[245]

E os alarmistas e o IPCC, em geral, exageram não apenas nas previsões de temperatura. A lista de projeções altamente questionáveis do IPCC para nosso clima futuro inclui tempestades pesadas, ciclones mais fortes e degelo do *permafrost*.[246] Existe pouca probabilidade de que isso aconteça, se o clima não for influenciado por emissões de CO_2 mas pela variabilidade natural que está esfriando atualmente a Terra.

Os alarmistas do aquecimento global saudaram o furacão Katrina, o ciclone mortal que atingiu a costa americana do golfo do México em 2005, provocando enchentes e devastação. Foi muito fácil atribuir um desastre tão grande ao aquecimento global. Na verdade, o IPCC sustenta que "a intensa atividade dos ciclones tropicais aumentou desde 1970", e que esses ciclones (incluídos ciclones e furacões) são hoje muito mais fortes e de duração mais longa em decorrência do aquecimento global.[247] O Painel também predisse que os futuros ciclones tropicais se tornarão ainda mais intensos, embora não se espere que o número total aumente.[248]

No entanto, os furacões e as tempestades tropicais, quando ocorrem, são menos intensos agora. Uma medida de força e duração de ciclones tropicais usada comumente está hoje no seu ponto mais baixo, desde meados de 1970 (Figura 7.3). Isso certamente reflete o resfriamento global recente, assim como a tendência ascendente anterior da atividade dos ciclones observada pelo IPCC, e visível na Figura 7.3, era indicativa de um episódio de aquecimento que terminou em 2001.

Figura 7.3: Atividade dos ciclones tropicais desde 1977

Fonte: Maue.[249]

Uma questão talvez mais premente, frequente nos noticiários nos últimos tempos, é a extensão do gelo do mar Ártico. Por muitos anos, os partidários da teoria de que o CO_2 promove o aquecimento global têm lamentado a retração dos glaciares, o desaparecimento das capas de gelo das montanhas altas, e o encolhimento — desde o início de 1970 até 2006 — da camada de gelo do Polo Norte. Se ao menos parássemos de lançar mais CO_2 na atmosfera, insistem, tudo isso poderia ser revertido.

O encolhimento da calota de gelo tem sido na verdade bastante drástico. As medidas de satélite mostram que a cobertura de gelo ártica nos meses de verão, quando o gelo está em sua extensão mínima, contraiu à taxa de 7,4% por década entre 1979 e 2005, o que representa uma redução total de 20% nesse período.[250]

TABELA 7.1: RESFRIAMENTO GLOBAL

A posição do IPCC

- ✧ As temperaturas globais continuarão a aumentar de maneira constante até o final do século XXI, a não ser que paremos de produzir CO_2.
- ✧ As consequências do aquecimento global – como ciclones mais intensos, encolhimento da calota de gelo do Ártico, retração das geleiras – piorarão, se não houver qualquer ação sobre o CO_2.
- ✧ Os oceanos continuarão a esquentar e o nível do mar aumentará em todo mundo de maneira drástica.

O QUE HÁ DE ERRADO COM ESSE CENÁRIO?

1. O CO_2 produzido pelo homem tem pouca probabilidade de ser a principal causa do aquecimento global, como discutimos nos capítulos anteriores.
2. Desde 2002, as temperaturas globais vêm caindo. Um novo estudo antecipa que a tendência ao resfriamento pode continuar por mais trinta anos.
3. Os relatórios mais recentes do IPCC não preveem qualquer resfriamento e superestimam a temperatura projetada para 2009 em 0,3° Celsius (0,5° Farhenheit) – quase metade do aquecimento global total desde 1850.
4. A força e a duração média dos furacões estão atualmente em níveis excepcionalmente baixos, refletindo a tendência de resfriamento global.
5. Embora o gelo do mar Ártico tenha encolhido entre 1979 e 2005, começou a se expandir de novo, talvez em decorrência do resfriamento global.
6. Um aquecimento de 50 anos dos oceanos do mundo terminou em 2003; desde então, os oceanos podem ter esfriado um pouco, e o índice de aumento do nível do mar diminuiu.

Você não precisa ser nenhum *expert* (ou até mesmo climatologista) para entender que, se essa mesma tendência persistir, a calota de gelo não estará mais aqui por muito mais tempo. Em 2008, um cientista especializado em gelo declarou que o gelo do ártico estava "em uma espiral de morte" e poderia acabar por completo em 2030.[251] Não haveria mais gelo para desviar os raios do aquecimento global do calor do Sol no verão,[252] nem *habitat* para os ursos polares.

Mas algo engraçado aconteceu a caminho do desastre. Desde 2007, pelo menos, e talvez um ano ou dois antes, o gelo do Ártico está se expandindo de novo.[253] A camada de gelo no verão em 2008 era 9% maior que o mínimo alcançado em 2007, o que colocou os alarmistas nesse frenesi. Em outras palavras, o ganho em apenas um ano foi maior que a perda em toda uma década durante os anos de 1980 e 1990.

A recuperação da calota de gelo, que parece estar acontecendo, talvez esteja ligada à tendência de resfriamento discutida na seção anterior. Entretanto, os alarmistas do aquecimento global não querem nada disso. As últimas notícias relataram apenas que a cobertura de gelo do Ártico estava em sua "segunda menor" ou terceira menor" extensão desde os últimos anos[254] — fornecendo supostamente evidências posteriores de um declínio de mais de trinta anos, mesmo se o gelo tivesse aumentando de novo.

Parece que o resfriamento global veio para ficar, por algum tempo. Será interessante observar que distorções da verdade o IPCC empregará no próximo relatório de avaliação (aguardado em 2014) para explicar tantas previsões que não aconteceram sobre o aquecimento global.

A PAUSA NO AQUECIMENTO DOS OCEANOS

Quando a música do aquecimento global parou, não foi apenas o gelo do mar Ártico que percebemos. Os oceanos pararam de aquecer também. Estes desempenham um papel importante na regulação das temperaturas globais porque podem deter muito mais calor — cerca de mil vezes mais — que a atmosfera. Mais de 80% do calor adicionado pelo aquecimento global ao sistema climático da Terra nos últimos cinquenta anos está nos oceanos,[255] que também podem reter mais CO_2 do que a atmosfera, como vimos anteriormente. O calor e os gases dissolvidos, como o CO_2, são armazenados primeiro nas primeiras camadas superiores do oceano, onde podem ser trocados imediatamente com o ar.

O aquecimento ou resfriamento global aparece no oceano de duas maneiras. Primeiro, as temperaturas da superfície aumentam ou diminuem, assim como as temperaturas na Terra. E, em segundo lugar, o calor total armazenado nas profundezas do oceano muda com a temperatura, mais calor é armazenado à medida que a Terra se aquece e menos quando esfria.

A tendência ao resfriamento que começou em 2002 é visível nas temperaturas da superfície da terra e do mar, embora estejam, em geral, associadas para produzir registros como os que vimos nas Figuras 7.1 e 7.2. O mesmo período de baixa atividade da temperatura, defasado por dois anos, também foi relatado inicialmente no armazenamento de calor do oceano.[256]

Entretanto, o relatório sobre a diminuição do calor no oceano não estava totalmente correto, em virtude da distorção promovida pelos robôs submarinos usados para medir o calor.[257] Os instrumentos robóticos são boias que patrulham os oceanos do mundo, submergindo mais de uma milha de profundidade, uma vez por semana, e então subindo até a superfície, medindo a temperatura da água ao subir. No momento em que essas boias alcançam a superfície, os dados são transmitidos para um satélite.[258]

Depois de corrigir as distorções dos instrumentos imprecisos, os autores dos estudos originais concluíram que o calor armazenado nos oceanos se estabilizou, e não diminuiu, dizendo que nenhum aquecimento ou resfriamento importante da camada superior do oceano ocorreu desde 2003.[259] Apesar disso, outros estudos com base nos mesmos dados corrigidos descobriram que houve de fato uma pequena diminuição do calor no oceano nos últimos seis anos.[260,261]

De qualquer forma, está claro que os oceanos pararam de esquentar, pelo menos por enquanto. Isso aconteceu antes por um curto período de tempo, no início dos anos 1980, embora a tendência geral do calor armazenado no oceano nos cinquenta anos até 2003 fosse, sem sombra de dúvida, ascendente.[262]

Mas a interrupção anterior, quando os oceanos esfriaram muito rápido, durou apenas cinco ou seis anos antes de o aquecimento ser retomado.[263] Deveríamos, pois, saber em um ano ou dois se o hiato atual do aquecimento do oceano é temporário como antes, ou se as águas profundas acompanharão as temperaturas da superfície e também esfriarão. Tudo indica que o aquecimento global — das massas de terra, oceanos e gelo polar — terminou no momento.

O IPCC disse muito pouco em seu relatório de 2007 sobre o resfriamento dos oceanos, a não ser para mencionar que, depois que estes aumentaram sua temperatura em 0,1° Celsius (0,2° Fahrenheit) entre 1961 e 2003, houve "algum resfriamento".[264]

Níveis do mar

O aquecimento ou resfriamento do oceano tem ramificações importantes nos níveis do mar. Como a água se expande à medida que esquenta, as temperaturas maiores do oceano aumentam o nível médio do mar; as temperaturas baixas, ao contrário, diminuem esse nível. Os níveis do mar também aumentam quando as geleiras e as cobertas de gelo derretem, mas a maior contribuição atual, de longe, vem da expansão térmica dos oceanos.[265]

O aquecimento de cinquenta anos dos oceanos da Terra e o resfriamento súbito de cinco anos, no início dos anos 1980, refletem-se ambos no nível médio do mar no âmbito global, como documentado pelo IPCC.[266] Ao longo desse período de cinquenta anos, os mares subiram cerca de 100 milímetros (4 polegadas). E os dez anos entre 1993 a 2003, quando as temperaturas globais subiam com rapidez (ver Figura 7.2), experimentaram um índice maior correspondente de aumento do nível do mar.

Entretanto os dados recentes de satélite do nível médio do mar mostram que esse índice de aumento diminuiu após 2003[267] — sugerindo que os níveis do mar estão se comportando da mesma forma que o armazenamento de calor dos oceanos nos quais, como acabamos de ver, têm aplainado, ou declinado, nos últimos seis anos.

A perspectiva de inundações maciças em áreas costeiras baixas e ilhas, com o aumento projetado pelo IPCC da elevação dos níveis do mar com o aquecimento global, aprisionou a imaginação e a atenção do público na mídia como nenhuma outra possível mudança em nosso clima. Mas, como acontece com o aquecimento futuro e o derretimento do gelo do mar Ártico, o IPCC e outros alarmistas podem mais uma vez estar dando um alarme falso.

CAPÍTULO 8

Por que é relevante

Quase tudo neste livro trata das *bases científicas* do aquecimento global. Isso porque os relatórios do IPCC sobre esse fenômeno — que se tornaram um manifesto para os alarmistas da mudança climática — fundamentam-se em bases científicas equivocadas e no abuso do método científico bem estabelecido. Mostrei em que ponto o IPCC se perdeu do cientificamente correto, tentando vincular o aquecimento global ao CO_2 produzido pelo homem.

Deixando a ciência de lado, por que isso é relevante?

Se o aquecimento global é causado pelo CO_2, interessa porque a raça humana embarcou no que se tornou uma das campanhas mais caras feita para restringir as emissões de CO_2. Essa tentativa poderia custar apenas aos Estados Unidos cerca de $2 trilhões,[268] que representam metade do que o país gastou na Segunda Guerra Mundial.[269]

Trilhões de dólares seriam desperdiçados para corrigir um problema que não existe. O aquecimento global pode ser real, mas quase não há evidência de que o CO_2 tenha muita ligação com o fenômeno.

No entanto, os alarmistas do aquecimento global estão forçando medidas para reduzir nossas pegadas de carbono, ao estabelecer limites de emissões, créditos negociáveis de carbono e sequestro de CO_2 em um reservatório subterrâneo. As empresas também embarcaram na popularidade do carbono. Os órgãos legislativos no mundo inteiro estão agindo, a começar pelo Protocolo de Kyoto das Nações Unidas, para limitar a produção de CO_2 e de outros gases-estufa.

A regulamentação do carbono faz-se presente entre nós. Mas, como demonstrou a recente experiência europeia, nenhuma regulamentação, qualquer que seja sua intenção, pode garantir a diminuição das emissões de CO_2. Mesmo se as descargas desse gás fossem reduzidas, talvez não fizesse nenhuma diferença para o aquecimento global.

O LIMITE DESNECESSÁRIO DE CARBONO

Segundo os alarmistas, as emissões humanas de CO_2 são uma ameaça grave ao nosso planeta e precisam ser reduzidas antes que o clima chegue a uma situação irreversível. Embora essa ideia seja equivocada, a comunidade de alarmistas percebeu há muito que frear o CO_2 exigiria algum tipo de intervenção. A maior fonte de dióxido de carbono são as usinas hidrelétricas e as indústrias a vapor, e nenhuma está inclinada a tomar qualquer atitude voluntária em relação a um gás invisível, que não tem efeitos conhecidos sobre a saúde em sua concentração atmosférica normal.

É possível tomar duas atitudes importantes para controlar as emissões de CO_2 na atmosfera: regulamentar limites que se apliquem a todos os emissores em geral, independentemente da quantidade de CO_2 liberada, e empregar métodos orientados para o mercado, como negociar as emissões ou estabelecer uma taxa sobre o carbono.

Como a regulamentação direta não é vista como uma abordagem muito eficaz sob o aspecto do custo, dada sua necessidade de grande burocracia e de um sistema de inspeção, o interesse geral concentra-se nas alternativas baseadas no mercado — seja nas taxas sobre as emissões seja nos sistemas de negociação também conhecidos como "limitar e negociar". Já existem vários sistemas desse tipo no mundo inteiro, em níveis nacionais ou regionais, para limitar a emissão de diversos poluentes realmente tóxicos no ar (entre os quais o CO_2 não está incluído).

O primeiro sistema global de "limitar e negociar" para gases-estufa, inclusive o CO_2, foi estabelecido pelo Protocolo de Kyoto, em 1997, e acabou entrando em vigor em 2005.[270] A ideia geral responsável pelo protocolo é diminuir a produção mundial de CO_2, impondo limites ou tetos nacionais, na forma de permissões negociáveis para emitir algumas toneladas de CO_2 por ano.[271]

É possível exceder esses limites com a compra de permissões adicionais, conhecidas como créditos de carbono, diretamente de outras nações industrializadas, que emitem menos CO_2 que a quantidade permitida, ou por intermédio de troca financeira. Além de negociar os créditos de carbono, os países industrializados podem adquiri-los investindo em projetos de baixa emissão desse gás em países em desenvolvimento, como a China, onde é mais barato diminuir o consumo de CO_2 do que no seu quintal. Uma opção semelhante envolve investimentos conjuntos de países com baixo custo industrial.

O "limitar e negociar" fornece dois métodos diferentes de limitação de CO_2. O primeiro estabelece um limite global, que pode ser reduzido de forma progressiva para diminuir o acúmulo de CO_2 na atmosfera.

O segundo método é a parte negociável: se uma empresa emite mais CO_2 do que está autorizada, é penalizada e deve comprar mais permissão ou investir em projetos em desenvolvimento. As empresas, no entanto, podem lucrar, se produzirem menos CO_2 que sua quantidade limite e venderem suas permissões adicionais para outras companhias, o que incentiva a manter poucas emissões. As liberações de CO_2 são controladas pelo mercado e não por regulamentações pesadas, ao menos na teoria.

O sistema de Kyoto estabelece alvos legais obrigatórios para 38 países industrializados, com o objetivo de reduzir as emissões globais de gás-estufa em uma média de 5,2% em relação aos níveis de 1990, em cinco anos, de 2008 a 2012. Vários países têm permissão para aumentar suas emissões durante esse período. Ao todo, 181 nações assinaram o protocolo no início de 2009.

Os Estados Unidos assinaram, porém nunca ratificaram, o protocolo porque a Índia e a China — que juntos emitem mais de um terço do CO_2 mundial, e mais do que os Estados Unidos[272] — estão isentos dessas exigências.

Talvez tenha-lhe ocorrido, mesmo depois da curta descrição feita anteriormente, que o sistema de "limitar e negociar" é muito mais inconveniente do ponto de vista administrativo do que seria uma simples taxa aplicada às emissões de CO_2. Vários países têm, de fato, decretado taxas ao carbono para controlar as emissões de CO_2. No entanto, apesar do apoio crescente por parte dos ambientalistas e de alguns líderes da indústria a essa taxação, a impopularidade dos novos impostos, sobretudo nos Estados Unidos, provavelmente restringiria a implementação dos controles de emissão em larga escala no futuro próximo do "limitar e negociar" — embora essa forma de regulamentação de CO_2 seja na verdade um imposto disfarçado.

Como o CO_2 tem pouco efeito nas temperaturas globais, o "limitar e negociar" desse gás e a taxa de carbono são, ambos, uma grande perda de tempo e esforço. A regulamentação do CO_2 é dinheiro jogado no ralo.

A sociedade e os governos precisam analisar muito bem o custo econômico dessa regulamentação, que é alta, porque grande parte da atividade econômica global depende do carbono pela queima de combustíveis fósseis. Nos Estados Unidos, cerca de 85% do consumo de energia baseiam-se no carbono e praticamente todos os setores da economia usam energia.

Qual o custo da diminuição das emissões de CO_2 para a sociedade? O U.S. Congressional Budget Office (CBO) — bastante conhecido por sua imparcialidade e análise financeira precisa de programas propostos por governos — examinou a questão várias vezes nos últimos dez anos, principalmente para os sistemas de "limitar e negociar" CO_2. Em um estudo realizado no ano 2000, com base nos níveis de emissão de 1998, o CBO estimou que uma redução de 15% das emissões de CO_2 poderia custar em média, à família americana, entre 2% e 3% de sua receita anual, no âmbito econômico.[273]

Embora isso possa não parecer muito, o percentual de aumento é quase o mesmo que o índice de inflação americano nos anos 2000. Sabe-se que quem vive de renda fixa, como as pessoas da terceira idade, logo se veem em aperto financeiro sem os ajustes anuais relativos à inflação — então o custo sobe e mesmo uma pequena porcentagem de um sistema de "limitar e negociar" terá um impacto significativo em todos, com exceção dos ricos, sem sombra de dúvida.

Na verdade, o relatório do CBO indica que o ônus do plano de negociação de CO_2, que elevaria os preços de energia e dos produtos e serviços com uso intensivo de energia, recairia mais pesadamente nas pessoas de baixa renda do que nos ricos.[274] Isso porque os pobres gastam um percentual maior de sua receita com energia que aqueles que vivem em melhores condições. Então, o "limitar e negociar" equivale a um imposto regressivo.

Os elevados custos de energia podem causar mais problemas. Embora não se acredite que os preços cada vez maiores da energia provoquem recessão, a maioria dos economistas concorda que uma energia mais cara aumenta o *risco* de baixa atividade econômica e, juntamente com outros fatores, essa energia mais cara dispara a recessão. Como sabemos hoje, recessão significa perda de emprego, além de outros sofrimentos.

Os alarmistas do aquecimento global argumentam que o custo dessas medidas de limitar as emissões de CO_2 pesa mais que de não fazer nada, e que o custo da regulamentação é pequeno diante dos benefícios de não deixar que o clima fuja ao controle. Se existisse uma ligação estabelecida entre o CO_2 e o aquecimento global, eu concordaria com eles.

Entretanto, como há pouca ligação, se é que existe, por que arriscar outra ter recessão (ou piorar a atual)?

A ironia do Protocolo de Kyoto de tentar reduzir as emissões globais de CO_2 é que esse protocolo tem suas raízes na U.N. Framework Convention on Climate Change, um tratado adotado em 1992. O objetivo declarado do tratado era estabilizar as concentrações de gases-estufa na atmosfera a fim de impedir sua interferência no clima da Terra, mas apenas de modo que não interviesse na economia global.[275] Ignorando se o tratado estava certo em relação ao CO_2, o único mecanismo que as Nações Unidas haviam sido capazes de produzir para a redução dos níveis de CO_2 fora o plano de "limitar e negociar", que pode já estar contribuindo para a recessão global.

O fracasso do "limitar e negociar" europeu

Duas vezes em três anos, a União Europeia tentou introduzir um sistema de "limitar e negociar" para o CO_2. A primeira tentativa foi um lastimável fracasso e a segunda não anda muito melhor.

Isso talvez signifique apenas que os europeus não sabem como conduzir um mercado de carbono mas, para ser justo, é mais provável que os limites de carbono simplesmente não funcionem. A primeira fase do sistema foi prejudicada pelo trabalho administrativo mal feito desde o começo. Ainda assim, a segunda versão, mais bem elaborada, está entrando em colapso por motivos econômicos, embora os economistas devam ser a própria base do mercado de negociações de carbono.

A experiência dos europeus com o "limitar e negociar" atingiu o objetivo oposto. Em vez de diminuir as emissões de gás-estufa, a quantidade de CO_2 lançada nos céus europeus aumentou e o custo dessa emissão chegou ao chão. Atualmente, é muito mais lucrativo para as empresas de utilidade pública na Europa queimar mais combustíveis fósseis com base em carbono do que antes, em lugar de investir em energias alternativas livres de carbono, como esperávamos.

O primeiro mercado "limitar e negociar" de CO_2 da Europa começou em 2005. Existiam cerca de 11 mil grandes usinas hidrelétricas e indústrias que contribuíam juntas para quase metade das emissões de CO_2 europeias.

O preço da permissão subiu, no início, ao pico de €30 por tonelada métrica ($36 por tonelada americana) de CO_2,[276] que é quase o nível de preço necessário, na Europa, para que formas renováveis de energia tornem-se competitivas em relação à eletricidade gerada por queima de carvão e outros combustíveis fósseis. No entanto, por volta de maio de 2006, o preço de negociação caiu abaixo de €10 por tonelada métrica. No início de 2007, despencou para menos de um euro por tonelada métrica, atingindo o nível mais baixo no final daquele ano, de €0,10.[277]

Basicamente, os governos europeus, que tinham a tarefa de distribuir as permissões, fizeram demais, deram grande parte de graça e não as leiloaram para criar uma *commodity* mais valiosa. Algumas empresas, sobretudo as de energia elétrica, logo venderam as permissões livres excedentes, produzindo lucros inesperados que nunca fizeram parte do plano.

Além disso, os limites nacionais de CO_2, em lugar de derivarem dos limites estabelecidos no Protocolo de Kyoto, basearam-se, para cada nação, nos históricos de emissões passadas. Esse procedimento apenas encorajou os governos a dar grandes permissões aos maiores emissores de CO_2, que tinham muito pouca motivação para diminuí-las.

Mas o pior de tudo: quase todos os países viram *aumentar* seu nível básico de emissão nos três anos em que o sistema funcionou, derrubando por completo o objetivo do "limitar e negociar". Apenas a Alemanha e o Reino Unido pediram limites de carbono menores que os níveis históricos de emissão.[278]

Não é preciso dizer que as emissões de CO_2 verificadas na Europa aumentaram entre 2005 e 2007, em geral em torno de 2%,[277] e um grande número de membros afirma não ter atingido o alvo de emissão de Kyoto.

Esses resultados desastrosos fizeram com que a União Europeia restringisse os limites nacionais para a segunda fase de seu sistema de negociação, programado para operar entre 2008 e 2012, com permissões totais reduzidas em 7% em relação aos níveis de emissão de 2005. O sistema de distribuição de permissões também foi mais restritivo.

Mas a segunda tentativa de regulamentar as emissões de CO_2 está tão mal quanto a primeira.

Em fevereiro de 2009, o valor do que alguns negociantes chamam de "ar quente" caiu de novo, abaixo de €10 por tonelada métrica (US$12 por tonelada americana) — como aconteceu com o preço do CO_2, em um ano no mercado original do "limitar e negociar", três anos antes. O fracasso iminente do segundo mercado de carbono induziu o *The Guardian*, jornal inglês que apoia a visão alarmista do aquecimento global, a declarar que "o sucesso inequívoco do mercado europeu está se tornando um mercado secundário e rentável de risco".[279]

Não é difícil perceber porque o segundo sistema de "limitar e negociar" europeu está vacilando, dado o terrível estado da economia global desde o início desse comércio em 2008. Com a queda da demanda e as fábricas aparando suas emissões, as empresas não precisam de tantas permissões de CO_2, então vendem o excedente. Isso não apenas diminui o preço da permissão, como também proporciona auxílio financeiro não pretendido aos emissores industriais de CO_2, ajudando-os a sobreviver com menos pedidos e menos crédito, sem ter de tomar medidas mais drásticas para manter seu negócio.

Na verdade, a introdução do "limitar e negociar" de CO_2 na Europa pode ter ajudado a lançar a economia europeia na recessão, como discutimos na seção anterior. Embora o colapso do mercado doméstico tenha levado a economia americana ao precipício em 2008, existem sinais de aumento de preços dos alimentos e da energia na Europa quase um ano antes.[280]

Os europeus, destemidos, fazem planos para uma terceira tentativa no mercado de negociações de CO_2. Admitindo de maneira indireta que a primeira fase falhou, e chamando de "aprender praticando", a União Europeia anunciou o terceiro período de negociações, entre 2013 e 2020, no qual 27 limites de carbono nacionais serão substituídos por um único limite para toda a União, e muitas outras permissões serão leiloadas e não dadas.[281]

Apesar disso, a experiência do mercado com as primeiras duas fases do esquema europeu demonstrou com clareza que o "limitar e negociar" de CO_2 é ineficaz para manter sob controle as emissões de CO_2; a terceira reencarnação também está destinada ao fracasso. São muitos euros pelo ralo por uma medida que, em primeiro lugar, não é necessária.

Os Estados Unidos exploram as possibilidades

No início de 2009, a administração Obama anunciou seu plano para um sistema americano de "limitar e negociar", em que pelo menos algumas permissões de CO_2 fossem leiloadas como se estivessem na terceira fase proposta pelo sistema da União Europeia. Esperava-se que o Congresso atuasse no plano até o final do ano, antes das discussões nas Nações Unidas em dezembro de 2009, para estender o Protocolo de Kyoto às emissões de gases-estufa depois de 2012.

No entanto, o Congresso americano rejeitara antes a legislação de "limitar e negociar" concebida para reduzir os gases-estufa, sobretudo o CO_2, em 2008 e muitos anos antes. O projeto de lei de 2008 tinha por objetivo estabelecer um limite 19% inferior em relação aos níveis de emissão de 2005, para ser atingido em 2020, e um de alcance mais longo, de 71% abaixo das emissões de 2005, a ser alcançado em 2050, para as usinas elétricas, as empresas de transporte e as fábricas.[282]

Os Estados Unidos já possuem um sistema de negociação de emissões para o dióxido de enxofre (SO_2), um gás tóxico que provoca chuva ácida quando liberado na atmosfera e, como o CO_2, gerado pela queima de combustíveis fósseis.

Enquanto o programa é com frequência tido como um sucesso, as emissões de SO_2 nos Estados Unidos caíram apenas 25% desde o início das negociações em 1994.[283] Isso não supera a redução ocorrida anteriormente entre 1980 e o começo do programa — período em que não havia qualquer regulamentação de SO_2, e quando as usinas elétricas e outros produtores de SO_2 tomavam apenas medidas voluntárias para reduzir as emissões. Chega da eficácia do "limitar e negociar".

Apesar desse desempenho inexpressivo, o programa do SO_2 foi usado como modelo para o projeto de lei fracassado, de 2008, de limitar o CO_2 e outros gases-estufa, apresentado pelos senadores Liederman e Warner. Ainda assim, a principal razão para o insucesso não foi o Congresso pensar que o plano poderia não funcionar, mas o enorme custo projetado.

Uma análise feita pelo U.S. Environmental Protection Agency (EPA) prevê que, se a legislação fosse promulgada, a elevação do custo de vida em uma etapa posterior atingiria entre $1 trilhão e $3 trilhões anuais da economia nacional no ano de 2050, o correspondente a uma redução de 2,4% a 6,9% das emissões americanas.[284] Como termo de comparação, especula-se que as economias americana e europeia encolheram quase 4% em 2009, durante a recessão global.

Um dos efeitos mais imediatos do controle das emissões de CO_2 é o aumento do preço da eletricidade (e de outras formas de energia), se as empresas de utilidade públicas repassarem o custo de permissões de CO_2 aos consumidores. A análise do EPA do projeto de lei de Lieder-man/Warner prediz que, por volta de 2030, os preços de eletricidade estarão 35% a 79% acima do normal.[285]

A U.S. National Association of Manufacturers (NAM) fez estimativas ainda mais altas do custo da energia e projetou que as famílias pagariam entre 77% e 129% a mais pela eletricidade por volta de 2030, em decorrência da legislação proposta. Os preços do gás natural e da gasolina aumentariam na mesma proporção.[286]

Além disso, o estudo da NAM previu que, em torno de 2020, os preços mais elevados de energia custariam à família de baixa renda cerca de 20% de sua receita, comparados aos 17% sem o "limitar e negociar" dos gases-estufa.[287] Esses percentuais estão de acordo com os calculados pelo CBO, mencionado anteriormente neste capítulo, e sublinham o ônus que o "limitar e negociar" impõe à população de baixa renda.

A NAM também concluiu que entre três milhões e quatro milhões de empregos americanos desapareceriam em 2030, se o projeto de lei do "limitar e negociar" de Liebernam/Warner se tornasse lei. Estimativas similares foram feitas por outras organizações.[288] O custo mais alto da energia, para estar em conformidade com as reduções exigidas das emissões e a competição mais acirrada com fabricantes internacionais com acesso à energia barata, causaria perdas de emprego decorrentes de uma menor produção industrial. Os setores industriais de grande consumo de energia, como a produção de aço, cimento, papel e fertilizante, sofreriam mais.[286]

Estimava-se o custo do novo plano de "limitar e negociar" da administração Obama, originalmente, em $646 bilhões ao longo de oito anos (de 2012 a 2019), e depois foi fixado em cerca de $2 trilhões.[268] Essa é essencialmente a mesma previsão de longo prazo da EPA do maior custo de vida sobre o sistema Lieberman/Warner, porém em um período de tempo menor.

Embora exista intenção de que algum dinheiro levantado com a venda das permissões de CO_2 retorne para os consumidores na forma de impostos menores, concorda-se, de modo geral, nos Estados Unidos, que a última versão do "limitar e negociar" ainda provocará dificuldades econômicas para as famílias e os negócios — com exceção, talvez, das empresas de utilidade pública que, como seus companheiros europeus, preparam-se para ganhar com esse sistema de comércio.

Tudo isso por nada, pois o CO_2 tem pouca influência no aquecimento global. Representam muitos dólares pelo ralo.

Outros países

Vários países menores também buscam a regulamentação do CO_2, sobretudo Nova Zelândia, Austrália e Canadá.

A Nova Zelândia, depois de refletir um pouco sobre a proposta de uma taxa sobre o carbono em 2005, e de ter abandonado a ideia, começou, em vez disso, um sistema de "limitar e negociar" carbono em 2008. No entanto, dois meses depois das eleições nacionais, o novo governo suspendeu o sistema de negociações, anunciando que sua implementação estava adiada até que fosse totalmente revisado.[289] Esse movimento reflete as diferenças entre os dois partidos políticos da coalizão do governo, um dos quais fazia campanha durante a eleição para abolir todo o sistema de negociação.

A revisão incluirá o sistema de negociação atual, alternativas como a taxa de carbono e atenção às "visões conflitantes dos aspectos científicos da mudança climática a partir de fontes internacionalmente respeitadas".[290] Assim sendo, os neozelandeses querem pelo menos aceitar a possibilidade de que o CO_2 possa não ser a causa do aquecimento global.

Consciente dos vários estudos econômicos dos sistemas propostos de "limitar e negociar" nos Estados Unidos, a revisão também considerará o impacto de qualquer controle de CO_2 na economia da Nova Zelândia, nos níveis nacional e individual, sobretudo à luz do estado de instabilidade atual da economia mundial. O desejo de "equilibrar nossa responsabilidade ambiental com as necessidades econômicas encontra-se mencionado de maneira específica no acordo de revisão".[291]

A Austrália, vizinha da Nova Zelândia, está avaliando o mercado de carbono programado para começar em 2011, com o objetivo de ser o mais amplo do ponto de vista mundial.[292] No Canadá, o partido conservador do governo também é a favor de "limitar e negociar" o CO_2, mas pode não tomar nenhuma atitude até 2015. O apoio a qualquer acordo sobre a taxa alternativa de carbono proposto pelo partido liberal minoritário custou-lhe muito nas eleições federais canadenses de 2008,[293] então esse plano tem pouca probabilidade de ser reativado.

Portanto, no âmbito mundial não existe nenhum sistema de "limitar e negociar" CO_2 bem-sucedido até hoje em lugar algum, embora o Protocolo de Kyoto seja somente daqui a três anos. Não apenas em decorrência do custo antecipado dos limites de carbono, mas também porque países como a Nova Zelândia estão começando a questionar o senso comum sobre o aquecimento global e o CO_2.

O próprio Protocolo de Kyoto vem sendo um fracasso retumbante. Com intenção de estabilizar as emissões globais de CO_2 e outros gases-estufa, o protocolo estabeleceu o objetivo, aparentemente modesto, de reduzir as emissões em 5,2%, em relação aos níveis de 1990, por volta de 2012. Em 2007, as emissões mundiais de CO_2 subiram 38% desde 1992 e ainda estão aumentando.[294]

Muitos países em desenvolvimento sem qualquer vínculo, por meio de tratados, em torno do objetivo de controlar as emissões, para começar, aumentaram consideravelmente essas emissões — sobretudo a China, cuja liberação de CO_2 duplicou desde 1992.

As nações em desenvolvimento, que contribuem hoje com mais da metade das emissões globais de CO_2, serão as mais atingidas por qualquer regulamentação futura sobre esse gás. O custo da regulamentação pode ou não desequilibrar as escalas econômicas de países industrializados, mas não há dúvida de que esses custos terão efeitos econômicos devastadores em qualquer país do terceiro mundo que institua limites ou taxas de carbono para diminuir as emissões de CO_2.

O problema prioritário no mundo em desenvolvimento é o predomínio da pobreza. Não é preciso dizer que as nações mais pobres precisarão de fontes mais baratas de energia disponível para conduzi-las à era industrial e melhorar seu padrão de vida.

No entanto, essas fontes de energia não serão turbinas eólicas ou células fotovoltaicas/solares, que ainda custam caro demais para ter um uso mais abrangente, mesmo em nações industrializadas. Haverá fábricas convencionais com energia oriunda da queima de carvão ou de gás natural, como utilizamos nos Estados Unidos para gerar mais da metade de nossa eletricidade, pois o carvão e o gás natural são abundantes e baratos. Essas são as fontes de energia que a China e a Índia exploram para a industrialização rápida.

Os alarmistas gostam de tentar argumentar que o mundo em desenvolvimento terá de enfrentar o impacto da mudança climática, na forma de ciclones mais fortes e níveis mais elevados do mar, que provocarão enchentes nas nações mais baixas; por esse motivo precisaremos limitar as emissões de CO_2 em função de países como Bangladesh.

Mas, como vimos, o CO_2 contribui muito pouco para o aquecimento global. E não temos controle de todas as fontes naturais responsáveis pelas elevadas temperaturas atuais, como o Sol. Assim sendo, diminuir o CO_2 não ajudará muito as nações mais pobres do planeta a lidar com o aquecimento global, e será de fato um ônus econômico importante.

É muito dinheiro jogado fora — dinheiro que podia ser mais bem empregado na adaptação aos efeitos do aquecimento global, se este continuar, nos países em desenvolvimento.

A FALSA PROMESSA DA ENERGIA RENOVÁVEL

A grande esperança por trás dos sistemas de regulamentação para o CO_2 baseados no mercado é a criação de incentivos para as usinas elétricas e as indústrias mudarem para formas alternativas de energia, que não dependam da queima de combustíveis fósseis e, portanto, não produzam CO_2. Essas alternativas, quase sempre colocadas em destaque pela mídia, incluem usinas nucleares e fontes de energia renováveis assim como biocombustíveis e usinas hidrelétricas, energia eólica e solar.

Até que ponto essa experiência é realista? Existe alguma possibilidade de que a energia renovável, ou uma combinação de usinas nucleares e energias renováveis, atenda às necessidades futuras?

Em curto prazo, é bastante irreal pensar que somente uma pequena fração da energia de que precisamos para eletricidade e transporte possa vir de outra fonte que não sejam os combustíveis fósseis. Isso não é minha opinião pessoal apenas. Esse é o ponto de vista de vários especialistas e analistas na área de energia, que mencionam as inúmeras barreiras tecnológicas a serem superadas para a negociação de tecnologias de energia renovável, e seu custo atual elevado.

Não me entendam mal. Não me oponho a formas alternativas de geração de energia e, como físico nuclear, sou grande fã das usinas nucleares. Mas, para acreditar que possamos progredir em relação ao uso de combustíveis fósseis como carvão e gás natural nos próximos vinte ou trinta anos, é preciso que nos enganemos. Se a energia nuclear e a energia renovável desempenharão um papel importante, não será em menos de cinquenta anos.

É preciso tempo — tempo para construir usinas nucleares, para aprimorar tecnologias alternativas, expandi-las, desenvolver a infraestrutura de distribuição de energia e reduzir o custo, além de não falir um banco com essa mudança para formas alternativas. A energia renovável sempre será uma fonte complementar de energia, pois não há uma fonte única capaz de fornecer energia suficiente para todo um país.

A energia eólica é um caso a ser considerado. Essa energia é atualmente defendida por muitos ambientalistas porque a tecnologia é limpa, simples (basicamente uma versão moderna do antigo moinho) e bem estabelecida. A principal desvantagem é que, até nas regiões com bastante vento, não venta o tempo inteiro, então a energia eólica pode apenas ser gerada de maneira intermitente.

No entanto, o U.S. Departmant of Energy (DOE) e os fabricantes de turbinas eólicas, empresas de utilidade pública e outras, estudaram há pouco a viabilidade de atender com energia eólica 20% da demanda da nação em 2030.[295]

Isso é uma grande pretensão, dado que a contribuição do vento para a eletricidade nos Estados Unidos era de apenas 1,2% em 2008. Vários países europeus produzem quantidades substanciais de energia eólica, liderados pela Dinamarca, onde 19% da energia gerada é oriunda do vento — mas esse percentual representa apenas 0,2% do consumo de energia nos Estados Unidos,[296] porque a Dinamarca é muito pequena.

O estudo concorda que um cenário de 20% de energia eólica em 2030 é ambicioso e exigiria "mudanças significativas na transmissão, fabricação e mercado".[295] O maior desafio seria a transmissão, pois a energia eólica não pode ser armazenada e grande parte seria produzida em regiões pouco populosas do país, que são aquelas em que há mais vento. O estudo do DOE estima que a construção das linhas de transmissão necessárias acrescentaria cerca de 10% ao custo do capital para construir capacidade de energia eólica adicional, um custo que será repassado aos consumidores.

Entretanto, os desafios tecnológicos e o custo não são uma questão importante aqui. Se o objetivo de fabricar turbinas eólicas em quantidade suficiente para atender a 20% da demanda americana de energia é se libertar da queima de combustíveis fósseis, então o exercício é uma grande perda de tempo.

Como admitem os autores do estudo, gerar essa quantidade de energia eólica em 2030 reduzirá em apenas 10% as emissões de CO_2, que ocorreriam sem nenhum aumento significativo da energia eólica.[297] As emissões projetadas de CO_2 de todas as fontes de energia em 2030, mesmo com essa energia eólica adicional, ainda excederão as emissões totais em 7%, pelas estatísticas do DOE.[298]

E, segundo um relatório canadense, a Dinamarca — a nação mundial com energia eólica abundante, com mais de seis mil turbinas gerando 19% de sua eletricidade — tem tido necessidade de obter mais eletricidade gerada pelo carvão para cobrir a imprevisibilidade da energia eólica.[299] Isso fez com que as emissões de CO_2 dinamarquesas subissem apenas 16% em 2006.[300] Os devotos do Protocolo de Kyoto não podem estar muito felizes.

Sou totalmente a favor do desenvolvimento de energias renováveis como a eólica, nos Estados Unidos e em qualquer lugar. Mas não é preciso nos iludirmos de que seguir esse caminho leva à redução global das emissões de CO_2 ou tenha qualquer efeito observável no aquecimento global.

TABELA 8.1: LIMITES DE CARBONO

O controle das emissões de CO_2

- O Protocolo de Kyoto das Nações Unidas decreta a redução da emissão de CO_2 de 38 países industrializados, em média 5,2% dos níveis de 1990, antes de 2012.
- Para atingir esse objetivo, a União Europeia introduziu um sistema de "limitar e negociar" CO_2. O comércio das permissões, inicialmente livres, de CO_2 começou em 2005.
- Os Estados Unidos estudam adotar um esquema semelhante de "limitar e negociar" em 2010, com exceção do leilão de permissão de CO_2.
- Diversas nações industrializadas também pensam em limitar as emissões de carbono.
- Espera-se que os sistemas de "limitar e negociar" CO_2 acelerem o desenvolvimento de formas renováveis de energia que não gerem CO_2, como as usinas eólicas.

O QUE HÁ DE ERRADO COM O LIMITE DE CARBONO?

1. Controlar as emissões de CO_2 terá pouco impacto no aquecimento global, cuja origem está, muito provavelmente, nas causas naturais.
2. Reduzir o CO_2 custará trilhões de dólares – esse é um dinheiro desperdiçado que poderia ser usado para ajustar qualquer efeito futuro do aquecimento global.
3. O primeiro sistema de "limitar e negociar" europeu fracassou, e o preço das permissões de CO_2 despencaram em 2007 enquanto as emissões europeias aumentaram. A segunda fase, com limites mais rígidos, não está progredindo muito.
4. "Limitar e negociar" aumenta o custo de vida elevando o preço da energia, que pode, por sua vez, empurrar a economia para a recessão.
5. O custo dos limites de carbono pesa mais para a população de baixa renda. Esse custo será um grande ônus econômico para os países em desenvolvimento, assim como para as nações menos ricas e industrializadas.
6. Mudar para energias renováveis não reduz as emissões globais de CO_2, porque a energia renovável será incapaz de atender, sozinha, a demanda total de eletricidade, e porque as usinas eólicas e solares são imprevisíveis e exigirão um *backup* de energia de combustíveis fósseis.
7. Os sistemas de "limitar e negociar" geram perda de emprego que supera as ocupações ecológicas criados com as fontes renováveis.

De qualquer maneira, nem todos estão otimistas sobre o potencial das energias renováveis como os autores do estudo do cenário da energia eólica. O relatório anual do DOE para 2009 prevê que apenas 2,5% da geração de eletricidade nos Estados Unidos, em 2030, virá de energia eólica, e não os 20% projetados no estudo, e que a contribuição total de todas as fontes renováveis será de apenas 14%.[301] Na verdade, espera-se que o maior percentual de energia elétrica seja gerado por biocombustíveis que, como os combustíveis fósseis, produzem CO_2 quando queimados — embora em nível reduzido.

Em 2030, o carvão e o gás natural combinados ainda fornecerão dois terços da eletricidade nos Estados Unidos, reduzindo apenas um pouco os níveis de hoje,[302] se não quisermos voltar a viver nas cavernas. Mesmo o estudo do vento reconhece que "as usinas de carvão continuarão a desempenhar um papel importante na geração futura de eletricidade".[295]

Então ainda estaremos lançando muito CO_2 na atmosfera a não ser que possamos, talvez, desenvolver a tão propagada tecnologia limpa de carvão. Isso obriga a captar o CO_2 gerado pela queima de carvão e outros combustíveis fósseis, e armazená-lo no subsolo. Mas a tecnologia não está aprovada e estima-se que seja muito cara.

A energia solar era anteriormente uma concorrente importante como futura fonte de energia. Entretanto, enquanto as tecnologias de energia solar desempenham um papel importante nas regiões ensoladas e distantes do globo, onde não há rede de transmissão, e nos satélites, esta ainda é muito cara para ser utilizada no mundo desenvolvido conectado pelas linhas de transmissão. Como a energia eólica, a energia solar não pode ser armazenada com facilidade e, claro, o sol não brilha à noite.

A verdade simples é que a energia renovável não terá, no futuro, a capacidade de atender à sede mundial de energia. Atualmente, a maior fonte de energia renovável nos Estados Unidos é a usina hidrelétrica, mas isso não crescerá além do patamar atual porque o país não tem mais reservatórios nas montanhas que não estejam sendo utilizados.

Um argumento usado com frequência, para justificar o antecipado custo elevado de passar a usar formas renováveis de energia, é que estas criarão empregos — empregos ecológicos. Um dos principais jornais do Meio Oeste americano, sede de grande parte da indústria pesada do país, publicou recentemente um anúncio de página inteira de um grupo ambiental, exigindo que o limite de carbono devolvesse os empregos que os trabalhadores da indústria de alumínio haviam perdido.

Concebido, de forma inteligente, pelo apelo emocional, o anúncio mostrou cinco trabalhadores de macacão, dispensados da siderúrgica, com uma linha sugerindo que os limites de carbono reabrirão a usina para que os trabalhadores possam fazer aço para as turbinas eólicas. Não importa os empregos que o "limitar e negociar" custará — sobretudo na indústria siderúrgica, como mencionamos anteriormente — nem o aumento do preço da energia e do custo de vida.

Quem quer que tenha concebido o anúncio do limite de carbono não sabe aritmética.

O estudo do DOE do cenário eólico calcula quantos empregos serão criados com a construção das turbinas necessárias para atingir o objetivo do estudo de criar capacidade de 20% de energia eólica em 2030, usando um modelo padrão de impacto econômico. Os resultados não estimulariam muitos departamentos de desenvolvimento econômico, com uma média de 260 mil novos empregos criados por ano entre hoje e 2030, na fabricação, construção, operação de turbinas e negócios correlatos. Isso para todos os Estados Unidos. Na maioria dos estados, seriam menos de dez mil novos empregos por ano.[295]

Mesmo nos anos de pico, entre 2020 e 2030, o ganho anual de empregos com a construção de turbinas eólicas seria de apenas 500 mil em âmbito nacional. Até os novos empregos em outras energias renováveis também poderiam aumentar esse número, no máximo, para algo em torno de um milhão por ano no período. Compare a estimativa da NAM entre 1,5 milhão e 3,5 milhões de empregos perdidos todo ano no mesmo período,[296] em consequência do projeto de lei de "limitar e negociar" discutido pelo Congresso americano em 2008.

Esses números são projeções. Mas existem números verdadeiros, com base na experiência real disponível na Espanha, que faz parte do sistema de "limitar e negociar" da União Europeia. O estudo espanhol descobriu que, para cada novo emprego criado com energia renovável, sobretudo eólica, pouco mais de dois empregos são perdidos. O autor do estudo acrescenta: "A perda de empregos pode ser maior se você considerar a quantidade de indústrias que sairão do país em virtude dos elevados custos da energia."[303]

Criar empregos ecológicos é um objetivo extraordinário, mas não se destruir os existentes nas indústrias tradicionais. Os limites de carbono simplesmente não acrescentam nada.

Além disso, o efeito econômico negativo da perda de emprego decorrente do limite de carbono está associado ao pesado subsídio de novos empregos em energias renováveis. Segundo o DOE, o subsídio dado pelo governo americano em 2007 chegou a $23,37 por megawatt/hora de eletricidade eólica produzida, comparada a apenas $0,44 para o carvão e $1,59 para energia nuclear.[304] Embora os subsídios para a energia renovável acabem terminando, o custo do subsídio atual será repassado aos consumidores.

Os subsídios, a capacidade insuficiente e a perda de emprego — isso é o que temos a esperar da energia renovável, se forçarmos o passo do desenvolvimento como fará o "limitar e negociar". E enquanto os renováveis diminuírem pouco o aumento das emissões de CO_2, não há nenhum sinal de que o nível de CO_2 de fato caia. É claro, não importa o quanto o nível de CO_2 abaixe, se o fizer, desde que isso esteja relacionado ao aquecimento global.

CAPÍTULO 9

Visão geral

Os céticos inventaram uma piada relacionando o aquecimento global à redução do número de piratas hoje, em relação ao século XIX.[305] Esta brincadeira ganhou mais força, há pouco, com o reaparecimento repentino de pirataria nas costas da Somália, simultânea ao declínio das temperaturas.

Atribuir o aquecimento global à redução da pirataria faz tanto sentido quanto relacioná-lo ao CO_2 produzido pelo homem na atmosfera. Existem poucas evidências valiosas de que as temperaturas elevadas dos últimos 160 anos não sejam apenas produzidas pela variabilidade climática natural.

Então, por que os alarmistas do aquecimento global, aproveitando a insinuação do IPCC, acreditam no contrário? Explorar as respostas psicológicas a essa pergunta necessitaria de mais um livro. Procurarei resumir os argumentos feitos neste livro contra o caso do aquecimento global induzido pelo homem — um acontecimento que está expresso no que chamamos de hipótese do CO_2, sustentada, supostamente, pelos resultados das simulações do clima feitas no computador.

A hipótese do CO_2 foi ventilada primeiramente pelo sueco Svante Arrhenius, no início dos anos 1900, embora não tenha sido levada a sério até o fim deste século, quando o IPCC começou a publicar seus relatórios sobre o clima. A hipótese atribui o aquecimento global aos gases de efeito estufa, principalmente o CO_2 proveniente da queima de combustíveis fósseis.

Mas a concentração desse gás ainda é baixa 200 anos após a industrialização ter começado a lançar CO_2 na atmosfera da Terra: cerca de 390 partes por milhão. Os alarmistas dizem que é suficiente para destruir nosso clima. Mas precisamos compreender que essa pequena quantidade de CO_2 não pode elevar muito a temperatura somente com o efeito dos gases-estufa.

Segundo a teoria, as temperaturas globais devem subir apenas 1,2° Celsius (2,2° Fahrenheit), quando a concentração de CO_2 duplicar (ver Tabela 5.2), e ainda não estamos perto disso. O único meio de elevar as temperaturas do ponto em que estão agora, se a hipótese do CO_2 for válida, é pelo processo de amplificação. Isso exige apenas um efeito minúsculo de CO_2 para aumentar os vapores d'água na atmosfera e as nuvens.

O termo técnico para essa ampliação é *feedback*, que discuti no Capítulo 5. O *feedback* positivo, ou ampliação, intensifica a sensibilidade climática a pequenas quantidades de adicionais de CO_2, produzindo um aumento maior que o esperado de temperatura. O *feedback* negativo, ou diminuição, reduz a sensibilidade climática e diminui o aquecimento provocado pelo CO_2 a um nível insignificante.

Um dos três sinais de alerta para a hipótese do CO_2 é que observações recentes de satélite mostram que o *feedback* de nuvem é negativo — o que significa que as nuvens reduzem o aquecimento global — e não positivo, como preveem os modelos computacionais do IPCC. Se esse *feedback* de nuvem negativo for forte o suficiente para superar o *feedback* positivo previsto de vapores d'água atmosféricos, ou se o *feedback* de vapores d'água também passarem a ser negativos, então o *feedback* global de CO_2 deve ser negativo e o dióxido de carbono não pode simplesmente ser a causa do aquecimento global.

Os outros dois sinais de alerta envolvem os registros da correspondência entre o CO_2 e a temperatura nos últimos 2 mil anos. Se o IPCC e os alarmistas estiverem certos sobre o CO_2, as temperaturas no passado deveriam imitar o nível de CO_2 nos períodos longos de tempo, porque se acredita que o CO_2 seja a fonte do aquecimento global.

O problema é que a temperatura não acompanha o nível de CO_2 por milhares de anos, durante o período que começa no final da última era glacial até 160 anos atrás. O registro da temperatura não está sincronizado com o registro do CO_2 durante as eras glaciais, como nos últimos 160 anos (sendo essa a origem do medo do aquecimento global). Mas, em grande parte do intervalo entre essas duas épocas, a temperatura estava descontrolada, enquanto a concentração de CO_2 continuava firme como uma rocha.

O desencontro entre o CO_2 e a temperatura não passou despercebido pelo IPCC. Desesperados para que a hipótese do CO_2 fosse aceita, o IPCC passou à falsificação e reescreveu a história para fazer os registros de temperatura e de CO_2 estarem em conformidade durante esse período inconveniente, criando o conhecido gráfico do "taco de hóquei" que eliminou o Período Quente Medieval e a Pequena Era do Gelo bem documentados.

Felizmente para o bom nome da ciência, o "taco de hóquei" foi completamente desacreditado, ainda que vários anos depois de ter sido publicado pela primeira vez pelo IPCC.

Com isso, os alarmistas do aquecimento global e o IPCC ficam com o problema de como explicar a disparidade entre a temperatura e o CO_2 durante a Idade Média. Isso não pode ser esclarecido e é como um prego cravado no caixão do aquecimento global produzido pelo homem.

O terceiro sinal de alerta da hipótese do CO_2 é mais sutil, envolve a defasagem do nível de dióxido de carbono em relação à temperatura na era da idade do gelo. Enquanto o *lag* pode ser em grande parte explicado pela liberação retardada desse gás armazenado nos oceanos do mundo, isso significa que o CO_2 atmosférico continuou a subir 600 a 800 anos depois que a temperatura se nivelou durante o aquecimento global, no fim da Era Glacial.

O dilema dessa observação para os defensores da teoria do CO_2 do aquecimento global moderno é que, desde 1850, o nível de CO_2 e a temperatura se elevaram quase simultaneamente. Mas a temperatura e o CO_2 aumentam e diminuem de forma concomitante ou não. Não é possível que se comporte dessa maneira durante as eras glaciais e de modo distinto hoje. Essa incoerência é ainda outro prego no caixão do aquecimento produzido pelo homem.

Mas o IPCC e seus seguidores alarmistas não assumem nada disso. Não pode haver nenhum sinal de alerta. A única forma que os alarmistas do aquecimento global encontram para compor um cenário coerente do clima que implique o CO_2 é negando sólidas evidências científicas. Embora os alarmistas gostem de chamar os céticos de negadores, são eles, de modo predominante, que suprimem dados e torcem os fatos para adequar a seu projeto: não deixar qualquer dúvida na mente do púbico de que o aquecimento global tem origem na atividade humana.

Para realizar o projeto alarmista, o IPCC utiliza várias armas de indução maciça ao erro.

Sua arma de escolha é a manipulação de dados — torcendo a verdade para fazer com que estes estejam em conformidade com a hipótese do CO_2 a qualquer preço. O exemplo mais flagrante disso é o episódio do "taco de hóquei", envolvendo o registro histórico da temperatura. Mas o IPCC também percorreu outras áreas.

Isso inclui ignorar a distorção dos registros modernos de temperatura causados pela urbanização, que infla o aquecimento global; ignorar o fechamento de estações meteorológicas em regiões frias do mundo, durante os anos de 1990, que aumentou de maneira artificial o índice de aquecimento recente; escolher de maneira seletiva os dados de CO_2 do século XIX, para exagerar o aumento do nível de CO_2 desde o período pré-industrial; e banalizar a contribuição do Sol à tendência de aquecimento atual.

Às vezes o IPCC vai ainda mais longe, como ocorreu com a tentativa de silenciar as evidências estatísticas de distorções de temperatura, utilizando outra arma: fabricação de dados. Isso conduziu à acusação feita por um dos revisores técnicos do IPCC de que o Painel fez afirmações falsas e inventou evidências, e alegações de manipulação de dados por um administrador de dados de satélite solar. Em outro caso, as acusações de fraude foram feitas de fato contra um climatologista do IPCC.

Mas, acima de tudo, o IPCC recorre a seus modelos climáticos de computador para sustentar sua afirmação duvidosa de que o CO_2 produzido pelo homem provoca o aquecimento global.

É um sinal dos tempos, a disseminação atual da *junk science*, que as projeções desses modelos computacionais sejam questionadas raramente, embora estejam repletas de pressupostos infundados. Uma das principais hipóteses presente na maioria dos modelos é que a sensibilidade do clima ao CO_2 seja hoje a mesma da era glacial, embora o clima fosse bastante diferente naquela época.

Existe uma enorme diferença entre um modelo de computador usado para o *design*, digamos, de um avião e uma simulação climática no computador. A maioria de nós tem pouco receio de viajar pelos céus em um tubo pressurizado que tem asas, porque sabemos em algum lugar — pelo menos no fundo de nossas mentes, se não formos engenheiros ou cientistas — que essa máquina de voar obedece a leis bem conhecidas de aerodinâmica. Tanto assim que nos sentimos totalmente confortáveis quando o comandante aciona o piloto automático e o avião voa praticamente sozinho. O sistema climático da Terra está muito longe de um avião. Não acho que não haja exagero em dizer que nosso conhecimento sobre o clima ainda está na infância. É muita pretensão de nossa parte acreditar que estejamos perto de desvendar muitos dos mistérios da climatologia, sobretudo o papel desempenhado pelos gases-estufa.

Sabemos um pouco sobre o Sol e a atmosfera, sobre os oceanos e o vento, mas existe relativamente pouco conhecimento sobre as nuvens, os vapores d'água, o padrão de ventos atmosféricos, o calor oceânico e a salinidade, e os raios cósmicos — sem mencionar uma grande quantidade de outras variáveis e de influências climáticas. Tudo isso está incorporado aos modelos climáticos de computador como parâmetros ajustáveis, que em geral podem chegar a centenas.

Os cientistas em outros campos às vezes sofrem para precisar o valor de apenas um único parâmetro ajustável com alto grau de precisão. Por que não deveríamos prestar atenção aos resultados dos modelos de computador que contêm parâmetros múltiplos, quando grande parte desses parâmetros não pode ser especificada de forma muito precisa? Não é de admirar que tantas previsões sobre o clima, feitas pelos modelos do IPCC, tenham dado errado.

Até os prognósticos mais básicos da temperatura, feitos pelo Painel, estão errados. Todos os seus modelos projetam um aquecimento global crescente, desde o ano 2000 até o fim do século. Ainda assim as temperaturas vêm caindo desde 2002.

Não estou dizendo que a elevação das temperaturas não possa começar outra vez, mas os modelos computacionais do IPCC nem mesmo indicam que estejam diminuindo. As temperaturas têm decrescido não somente na superfície: também pararam de aquecer as camadas profundas do oceano. As tendências da temperatura nos modelos climáticos também estão incorretas nos Polos Norte e Sul, onde o aquecimento global deveria ser mais forte, mas é pouco evidente, e os índices de aquecimento nos diferentes níveis da atmosfera são exatamente contrários à previsão do IPCC. Os prognósticos de ciclones mais fortes, em mar aberto, no Polo Norte, e não na calota de gelo, também não se confirmaram.

Os modelos poderiam ser piores?

Na essência, os modelos climáticos de computador são pré-programados para fornecer resultados de que uma minúscula quantidade de CO_2 na atmosfera constitui a fonte predominante do aquecimento global.

Tudo que entrar em conflito com esse resultado é rejeitado pelas simulações, ou minimizado por fraude, se necessário. Essa abordagem, altamente seletiva e cientificamente desonesta, existe em todas as afirmações do IPCC de que seus modelos de computador só podem reproduzir os registros da temperatura do século XX se omitirem todas as fontes de variabilidade natural, com exceção do Sol, que os modelos quase não levam em consideração de maneira alguma.

Não importa se existirem evidências abundantes de que o papel do Sol no aquecimento global tem sido subestimado de forma grosseira em modelos climáticos de computador, nem que esses modelos nunca incluam o ciclo climático de 1.500 anos que está talvez vinculado ao Sol, nem que ignorem o aquecimento indireto do bloqueio solar feito aos raios cósmicos.

E também não faz diferença o IPCC não poder modelar de maneira adequada diversos ciclos climáticos naturais, isso sem falar em considerar alternativas possíveis ao CO_2 como fonte de aquecimento global. Uma proposta recente, com base em dados de satélite, vincula o aquecimento global às flutuações de nuvens associadas à Oscilação Decadal do Pacífico, um ciclo natural que alterna entre fases quentes e frias, a cada trinta anos, e mostra uma semelhança impressionante com os registros de temperatura desde 1850. Não é preciso nem mencioná-los, os modelos do IPCC assumem simplesmente que essa variabilidade natural nem mesmo existe, e que a única explicação possível para as mudanças climáticas é o aquecimento estufa.

A invenção, a manipulação, a fabricação de dados, a fraude, a fé desenfreada em modelos computacionais deficientes — essa é a linha de acusação contra o IPCC. O Painel perverteu a ciência e desrespeitou a tradicional metodologia científica, tudo isso para sustentar afirmativas, sem bases consistentes, de que o CO_2 produzido pelo homem causa aquecimento global. Se o CO_2 desempenha algum papel, é muito pequeno.

Ainda assim, o IPCC insiste que pode afirmar com 90% de confiança que as atividades humanas, desde 1750, são a fonte do aquecimento global, e que tem 90% de certeza de que temperaturas ainda mais elevadas acontecerão neste século, se continuarmos a emitir CO_2 e outros gases-estufa. Esses são os níveis elevados de confiança do IPCC, totalmente injustificáveis pelas evidências, que levaram à crença falsa e insustentável, do ponto de vista científico, de que existe um consenso sobre o aquecimento global induzido pelo homem.

Sendo a natureza humana como é, nem todos os céticos são paradigmas de virtude científica também. Eu me deparei com *blogs* na internet em que os autores torciam a verdade para defender a causa dos céticos, embora essa distorção seja totalmente desnecessária, mesmo do ponto de vista político, com amplas evidências para sustentar a causa contra o CO_2, como vimos.

Estamos no fim desta história e não deveria haver muito motivo para preocupação. A ciência já recebeu ataques similares no passado e sobreviveu, com a corrupção e a supressão da verdade, terminando por levar à crença renovada nos méritos do processo científico.

No entanto, o IPCC espalhou sua rede de indução ao erro de forma tão ampla, para grande parte dos argumentos, que a mídia e maioria da população aderiram ao ponto de vista do Painel de que as emissões de CO_2 devem ser contidas de forma drástica, para o bem do planeta, e quanto mais rápido melhor. O problema que há nessa mensagem alarmista equivocada é que a ação sobre o CO_2 custará ao mundo trilhões de dólares para resolver algo que não precisa ser solucionado, em primeiro lugar. Esse é o preço para regulamentar o CO_2 no mundo inteiro, dinheiro que seria mais bem gasto se fosse empregado nos efeitos do aquecimento global, se este recomeçar.

Apesar disso, as nações industrializadas já embarcaram na via da regulamentação do CO_2, ou estão prestes a fazê-lo, e espera-se que o resto do mundo as siga. Afinal, não é possível ter metade do planeta reduzindo suas emissões e a outra não fazendo nada, se você acredita de fato que o CO_2 distribuído na Terra seja o problema. Mas, com exceção desse custo enorme, atingir esse objetivo não seria fácil.

A Europa está há quatro anos no sistema de "limitar e negociar" o CO_2, mas a primeira fase foi um lamentável fracasso. Embora os europeus admitam que cometeram erros na implementação do sistema, a segunda fase não está indo muito melhor. As emissões de CO_2 na União Europeia continuam a aumentar e o preço das permissões de CO_2 estão estagnados.

Vários estudos demonstraram que "limitar e negociar" atinge a economia, aumentando os preços da energia. As empresas de utilidade pública simplesmente repassam para os consumidores os custos das permissões de CO_2 que precisam comprar.

Por conseguinte, grande parte do ônus financeiro desse empreendimento global, totalmente equivocado, de controlar as emissões de CO_2 recai sobre a população de baixa renda. O custo de limitar o carbono será devastador, sobretudo para os países em desenvolvimento, que já lutam com intuito de alcançar os vizinhos industrializados.

A resposta alarmista a essa preocupação social é que os limites de carbono são necessários para estimular as empresas de energia a desenvolverem alternativas, fontes de energia livres de CO_2, como a energia nuclear e a energia renovável. Talvez seja preciso um sistema de "limitar e negociar" caro, ou alguma forma de taxa de carbono para fazer isso. Mas é uma ilusão pensar que as fontes renováveis possam fornecer mais que uma fração de nossas necessidades futuras de energia, ou que passar a usar energias renováveis eliminará muito as emissões de CO_2, se o fizer, ou criará novos empregos.

A crença predominante entre os ambientalistas é que as turbinas eólicas e as células fotovoltaicas podem atender a grande parte da demanda de eletricidade do mundo. Por mais amigável para a Terra que essa convicção possa ser, a realidade é que nem o vento nem o sol podem fornecer energia constante, nem a energia pode ser prontamente armazenada. Então são necessárias fontes mais constantes e *backup*, e isso significa continuar a depositar confiança em combustíveis fósseis, como carvão, conforme pudemos ver na experiência dinamarquesa recente.

Mas, de qualquer maneira, tudo isso é um exercício maciço de futilidade, porque o CO_2 tem muito pouca relação com o aquecimento global. Se pudéssemos tirar a atenção do CO_2 para um dos verdadeiros problemas da humanidade, as gerações futuras teriam mais probabilidade de nos agradecer do que se desperdiçarmos nossos recursos em um problema imaginário. Você talvez esteja pensando como ficamos nessa posição, quantas figuras importantes e quantas sociedades cultas e a mídia alinharam-se ao IPCC, assumindo a conexão entre o CO_2 e o aquecimento global, se essa conexão não se sustenta quando examinada de forma mais detalhada. Para explorar essa questão seria necessário outro livro.

No entanto, não é difícil compreender como tanta gente deixou-se enganar, se você olhar de novo para o registro moderno de temperatura na Figura 7.2 (ou Figura 2.1). O que você percebe, ao ver o gráfico com os olhos semifechados, de modo que tudo que vê é a linha da tendência, é que as temperaturas realmente se estabilizaram nos últimos quarenta anos. Ou parecem ter-se comportado dessa maneira, pois sabemos agora que o aumento é exagerado pelo efeito das ilhas urbanas de calor. Esse crescimento, aparentemente abrupto, desde 1970, foi responsável pelo pânico, e o IPCC aciona o alerta, vinculando o aquecimento à ascensão do CO_2.

Mas, como um passeio na montanha russa ou a tendência de uma ação na bolsa, a ascensão da temperatura chega ao fim. Atualmente, o planeta está esfriando, como fez duas vezes antes, durante o período coberto pelo gráfico. Ainda assim, o nível de CO_2 tem aumentado de modo ininterrupto ao longo desses anos, independentemente da elevação ou da queda de temperatura no período.

Existe uma tendência *subjacente* de intensificação da temperatura, mas isso reflete apenas o final da Pequena Idade do Gelo por volta de 1850. As temperaturas globais, como tantos outros aspectos da natureza, passam por ciclos — e os ciclos às vezes resultam em aquecimento global. O mundo foi levado por uma tendência de curto prazo, que não é de fato tão rara na história da ciência. Os pesquisadores com frequência se desviam temporariamente, tomando um rumo equivocado. Mas em geral ficam quietos, até estarem seguros de estar de volta à direção certa. O IPCC escolheu alardear suas conclusões mal preparadas sobre o CO_2 e o aquecimento global como palavra final sobre o assunto.

Apêndice A:
Feedbacks e *sensibilidade do clima*

A sensibilidade climática pode ser expressa como a mudança de temperatura provocada pela duplicação do nível de CO_2 atmosférico, em geral, a partir do nível pré-industrial, em 1850, ou como a medida dos *feedbacks* do clima que contribuem para essa sensibilidade.

É comum definir um parâmetro de *feedback* do clima (medido em unidades de W/m^2 por °C) como o inverso do parâmetro de sensibilidade climática (medida em unidades de °C por W/m^2).[306] O IPCC criou algumas confusões acerca do uso desses termos, ao empregar, em momentos diferentes, o mesmo símbolo λ para ambos: no Quarto Relatório de Avaliação de 2007 refere-se a λ como parâmetro do *feedback* climático,[307] enquanto no Terceiro Relatório de Avaliação de 2001 encontra-se definido como sendo parâmetro de sensibilidade climática.[308] Mas a mudança na terminologia alinha o IPCC ao uso corrente feito pela maioria dos climatologistas.

O feedback do clima e os parâmetros de sensibilidade são definidos por:

Parâmetro de feedback $\lambda = \Delta F / \Delta T$, (A1)

Parâmetro de sensibilidade $= 1 / \lambda = \Delta T / \Delta F$, (A2)

onde ΔF (em unidades de W/m^2) é o forçamento da radiação externa, em que o fluxo de calor nos oceanos encontra-se normalmente corrigido, e ΔT (em °C) consiste na mudança da temperatura na superfície global em consequência desse forçamento. Deduzindo da equação (A1) ou (A2), a sensibilidade climática ΔT então é:

Sensibilidade $\Delta T = \Delta F / \lambda$, (A3)

onde λ é o parâmetro de *feedback*.

Para os gases-estufa, como o CO_2, bem misturado na atmosfera, uma boa aproximação para o forçamento radiativo é:

$\Delta F = 5{,}35 \ln (C/C_0)$,[309] (A4)

onde C_0 e C são as concentrações de CO_2, antes e depois do efeito do forçamento ΔF. C_0 e C são medidos, em geral, em unidades de partes por milhão por volume (ppmv).

O valor de ΔT correspondente à duplicação do CO_2 ($C = 2C_0$) constitui a medida de sensibilidade climática mais comumente utilizada, conhecida às vezes como sensibilidade do equilíbrio climático, mas pode ser calculada para qualquer mudança na concentração de CO_2.

Embora a sensibilidade climática deva, em princípio, incluir outros gases como o metano, verifica-se que apenas o forçamento do CO_2 é igual ao forçamento líquido de todas as fontes humanas incluídas em modelos climáticos do IPCC — que abrangem forçamentos positivos, como no caso de gases-estufa, e os forçamentos negativos, como os de aerossóis.[310] Portanto, a sensibilidade ao CO_2 constitui uma boa medida para a sensibilidade climática global.

Os valores do parâmetro de *feedback* e da sensibilidade climática, seja extraídos da literatura técnica seja calculados a partir das equações acima, são apresentados na Tabela A.1 para vários modelos climáticos diferentes. Os números da sensibilidade climática foram apresentados anteriormente na Tabela 5.2.

Tabela A. 1: Cálculo da sensibilidade climática ao CO_2

Modelo	Parâmetro de *feedback*[a]	Mudança prevista de temperatura: Hoje	Mudança prevista de temperatura: Com a duplicação do CO_2
IPCC (2001)	0,9-2,1[311]		3,5 °C[312]
IPCC (2007)	0,7-2,0[313]	0,76° C[314]	3,3 °C[315]
Hansen[316]	1,4	0,6 ° C	2,7°C
Spencer[317]	até 8,3	0,1°C[b]	0,45°C[c]
Feedback zero de CO_2	3,2[318]	0,54°C[b]	1,2°C[c]
Feedback positivo ao CO_2	< 3,2	> 0,54°C	> 1,2°C
Feedback negativo ao CO_2	> 3,2	< 0,54°C	< 1,2°C

[a] Medida em unidades de W/m² por °C
[b] Calculado a partir das equações (A3) e (A4), com C = 387 ppm (no nível de 2009), e C_0 = 280 ppm (no nível pré-industrial, segundo o IPCC[319])
[c] Calculado a partir das equações (A3) e (A4), com C = $2C_0$

Os modelos do IPCC, em grande parte conhecidos como Atmosphere-Ocean General Circulation Models (AOGCMs), baseiam-se em simulações de computador do clima da Terra, e a sensibilidade climática muitas vezes é determinada pela equivalência do resultado do modelo às condições do paleoclima. Pelos relatórios de 2001 e 2007, o IPCC utilizou 34 e 23 modelos diferentes, respectivamente.[320, 321] O modelo de James Hansen, um dos modelos atuais do IPCC, foi desenvolvido no Goddard Institute for Space Studies (GISS) e está relacionado separadamente.

O modelo de Roy Spencer é um modelo de clima muito mais simples, com base no balanço energético, e tem sido empregado para interpretar as observações recentes feitas por satélites sobre a Oscilação Decadal do Pacífico (PDO), em termos de *feedback* negativo de nuvem. Essa interpretação é discutida no Capítulo 6 e no Apêndice B.

A variabilidade dos parâmetros de *feedback* para os modelos do IPCC apresentados na Tabela A.1 reflete as diferenças entre os distintos modelos. No entanto, as sensibilidades climáticas para a duplicação de

CO_2 são a média de um grande número de modelos; os parâmetros de *feedback* que correspondem às sensibilidades calculadas de 3,5°C (2001) e 3,3°C (2007) estão ambos próximos a 1,1 W/m^2 por °C. Expressa em termos de parâmetro de sensibilidade climática, que relaciona a mudança de temperatura a seu forçamento correspondente, temos uma sensibilidade de 0,9°C por W/m^2.

As sensibilidades climáticas dos modelos do IPCC que foram equiparadas aos dados do clima da era glacial variam de 2,3°C a 3,7°C,[322] correspondendo aos parâmetros de *feedback* que compreendem 1,6 a 1,0 por W/m^2 por °C, respectivamente. Os parâmetros maiores de *feedback* significam uma menor sensibilidade climática, como pode ser visto a partir da equação (A3).

Nas Tabelas A.1 e 5.2, o valor da sensibilidade climática atual é de 0,76°C, segundo o IPCC em 2007, exatamente o mesmo que o aumento de temperatura declarado pelo Painel desde 1850,[323] porque os resultados da simulação em computador estão ajustados para esse aumento. A sensibilidade climática atual de 0,6°C a partir do modelo de Hansen é menor (assim como o valor duplicado de CO_2) pois é calculado em relação a 1880 e não 1850, quando as temperaturas globais eram ligeiramente mais baixas (ver Figura 2.1).

Com exceção dos números do IPCC em 2007, as sensibilidades climáticas atuais nas duas tabelas dependem da linha de base pré-industrial do nível de C_0 presumido na concentração atmosférica de CO_2. Se for superior ao que diz o IPCC, como discutido no Capítulo 3, então os valores de sensibilidade são inferiores aos apresentados. A sensibilidade climática hoje para o *feedback* zero de CO_2, por exemplo, cai de 0,54°C para 0,32° C, se C_0 = 320 ppm, e não 280 ppm. No entanto, a partir de equações (A3) e (A4), as sensibilidades para a duplicação de CO_2 ($C = 2C_0$) são as mesmas, independente do nível de base, e a única mudança para uma base maior é um nível de CO_2 final maior.

Embora as Tabelas A.1 e 5.2 não indiquem nenhum erro nas estimativas do parâmetro de *feedback* ou da sensibilidade climática, para simplificar a apresentação todos os números mostrados estão sujeitos à dúvida. Por exemplo, a estimativa do IPCC de 3,3°C em 2007 para a sensibilidade climática média é na verdade 3,29 ± 0,69 ° C, onde o erro é dado como ± 1 de desvio padrão.[315]

Feedback e *ampliação*

Conforme descrito no Capítulo 5, os *feedbacks* positivos ampliam o efeito estufa natural da Terra para o CO_2, enquanto os *feedbacks* negativos diminuem esse efeito.

Sem qualquer *feedback*, a sensibilidade climática para o dobro de CO_2 é 1,2°C, que responde a um parâmetro de *feedback* de 3,2 W/m^2 por °C (Tabela A.1). Esse valor do parâmetro de *feedback*, às vezes chamado de parâmetro de *feedback* de Planck, representa a radiação infravermelha (3,2 W/m^2) que a Terra irradiaria em resposta a um aquecimento súbito de 1°C, como calculado por modelos climáticos de computador.[318] O cálculo baseia-se na lei de Stefan-Boltzmann da radiação de corpos negros, que governa a dependência da temperatura da radiação (infravermelha) de ondas longas. Na ausência de outros *feedbacks* do clima, o amortecimento radioativo da temperatura feito pela Terra é um *feedback* natural fortemente negativo.

As sensibilidades acima de 1,2°C, que correspondem aos parâmetros de *feedback* inferiores a 3,2 W/m^2 por °C, estão associadas a um *feedback* de CO_2 líquido positivo; as sensibilidades abaixo de 1,2°C, correspondendo a parâmetros de *feedback* superiores a 3,2 W/m^2 por °C, implicam que o *feedback* líquido de CO_2 é negativo.

Os fatores de ampliação para ambos os tipos de *feedback* são apresentados na Tabela A.2. A ampliação (ou ganho, em terminologia eletrônica) é definida como

Amplificação = $\Delta T / \Delta T_0$ (A5)

onde ΔT é a sensibilidade climática com *feedback* e ΔT_0 é a sensibilidade, sem *feedback*.

Tabela A. 2: Fatores de ampliação do CO_2

Tipo de *feedback*	Modelo	Parâmetro de *feedback*[a]	Ampliação[b]
Positivo	IPCC (2007)	2,1[c]	2,9 (190%)
Positivo	Hansen	1,8	2,3 (130%)
Zero	Nenhum	0,0	1,0 (0%)
Negativo	Spencer	até -5,1	0,4 (-60%)

Medido em W/m^2 por °C, em relação ao A_0 = 3,2 W/m^2 por °C
[b] Com a duplicação do CO_2
c Corresponde ao valor de 1,1 W/m2 por °C para o parâmetro de *feedback* do IPCC (2007) na Tabela A.1

A ampliação pode ser calculada diretamente a partir dos valores da sensibilidade climática na Tabela A.1, utilizando a equação (A5), ou através dos valores de *feedback* na Tabela A.1, utilizando a equação:

$$\text{Ampliação} = \frac{1}{1 - \lambda/\lambda_0}, \quad (A6)$$ [324]

onde λ é o parâmetro de *feedback* medido em relação ao valor zero de *feedback* λ_0 = 3,2 W/m^2 por °C, e $\lambda = \lambda_1 + \lambda_2 + ... \lambda_n$, onde n é o número de *feedbacks* independentes. Sob a convenção de sinais para a equação (A6), os parâmetros de *feedback* positivo ou negativo têm um sinal positivo ou negativo, respectivamente, e λ_0 é considerado positivo.

A ampliação expressa como porcentagem também é positiva ou negativa para *feedback* positivo e negativo, respectivamente. O *feedback* positivo ou ampliação promove o aumento da resposta da temperatura do sistema climático ao CO_2 sem *feedback*, enquanto o *feedback* negativo ou amplificação resulta na diminuição da resposta.

Quando o parâmetro de *feedback* na Tabela A.1 aproxima-se de zero, o que significa que o parâmetro de *feedback* relativo na Tabela A.2 aproxima-se de λ_0, a ampliação e a sensibilidade climática tornam-se infinitas [Equações (A3) e (A6)]. Isso corresponde a um *feedback* tão positivo que ocorre um efeito estufa acelerado, passível de levar a um clima de estufa na Terra. No entanto, nem o IPCC sugere que seja provável.

Por fim, devemos observar que tudo sobre *feedbacks* e sensibilidade climáticos resumido aqui baseia-se na suposição de que os *feedbacks* são lineares — ou seja, o CO_2 e outros *feedbacks* dependem linearmente da resposta da temperatura. Mas o sistema climático da Terra não é *nada linear* e pode até mesmo ser considerado caótico (apresentando um comportamento aparentemente aleatório), no sentido matemático. Assim, qualquer cálculo de *feedback* e sensibilidade climática deve, em princípio, estar fundamentado na teoria do *feedback* não linear.

A inclusão de termos quadráticos não lineares na análise dos *feedbacks* dos modelos climáticos do IPCC parece demonstrar ausências de linearidade importantes, sobretudo nos *feedbacks* das nuvens altas e da temperatura/altitude (taxa de lapso).[325] Isso destaca o pouco conhecimento que temos sobre os *feedbacks* do clima.

Apêndice B: O modelo de variabilidade da cobertura de nuvens da PDO

Como discutimos no Capítulo 6, Roy Spencer e sua equipe de pesquisa na Universidade do Alabama, em Huntsville, propuseram um modelo para explicar o aquecimento global, com base na variabilidade da cobertura de nuvens associada à Oscilação Decadal do Pacífico (PDO).[326] A PDO consiste em um ciclo natural de variabilidade climática que se repete aproximadamente a cada 60 anos, com uma fase de aquecimento de 30 anos seguida de uma fase de resfriamento de outros 30 anos.

A Figura B.1 mostra como as temperaturas globais seguiram o padrão da PDO no último século.

Grande parte das características dos registros de temperatura no século XX pode ser explicada pelo modelo do balanço energético de Spencer, que assume variações na cobertura de nuvens que são proporcionais ao índice da PDO, e a existência de uma placa oceânica que mistura o calor em um tempo que varia desde décadas até séculos.

As evidências que vinculam as flutuações na nebulosidade média global à PDO foram encontradas em observações feitas por satélite da Terra em um período de cinco anos, entre 2000 e 2005. Spencer comparou variações recentes no índice da PDO de medidas de radiação infravermelha de ondas longas (OL) emitida e radiação solar de ondas curtas refletida pelo oceanos do mundo (Figura B.1).[329]

Figura B.1: Temperaturas e a PDO no século XX [327]

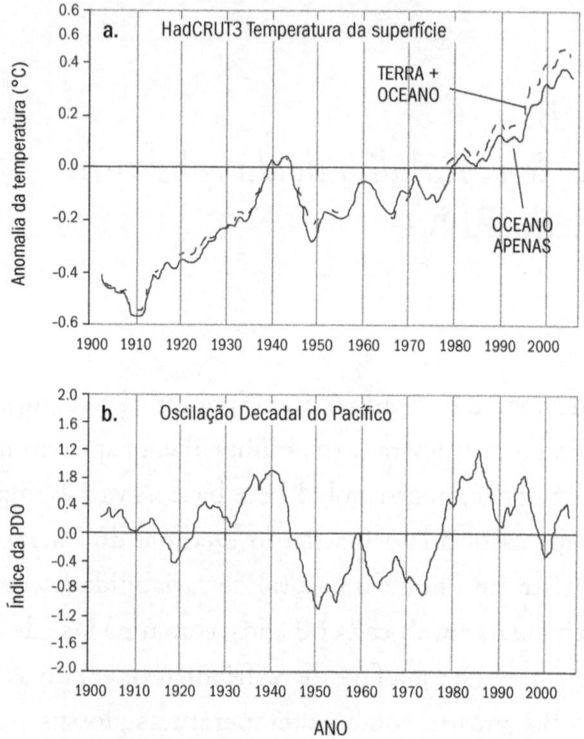

Fonte: Spencer.[326] As temperaturas registradas no termômetro em (a), que são similares às da Figura 2.1, são do Climatic Research Unit (CRU).[326]

Como o fluxo radioativo mensurado consiste em uma combinação de forçamento e *feedback*, Spencer utiliza um método desenvolvido por sua equipe[330] para isolar qualquer forçamento radioativo que varie com o tempo, potencialmente associado à PDO, do componente de feedback. Esse método baseia-se no fato de a resposta da temperatura estar sempre defasada em relação ao forçamento a ela associado, em 90 graus no caso de forçamento harmônico. Isso significa que o forçamento radioativo em decorrência da variabilidade da cobertura de nuvens da PDO obscurece por completo o *feedback*; este deve primeiro ser removido dos dados a fim de que seja possível observar o forçamento.

Ao traçar o gráfico dos fluxos de radiação observados contra os dados de temperatura de satélite da baixa troposfera, no período de 2000 a 2005, o parâmetro de *feedback* estimado era 8,3 W/m2 por °C. Isso representa um forte *feedback* negativo (ver Tabela A.1), porém, como destaca Spencer, não corresponde necessariamente à sensibilidade climática de longo prazo, ao contrário, indica o *feedback* de curto prazo, que foi removido para isolar o sinal de forçamento.

Figura de B.2: O índice da PDO e os fluxos radioativos do oceano

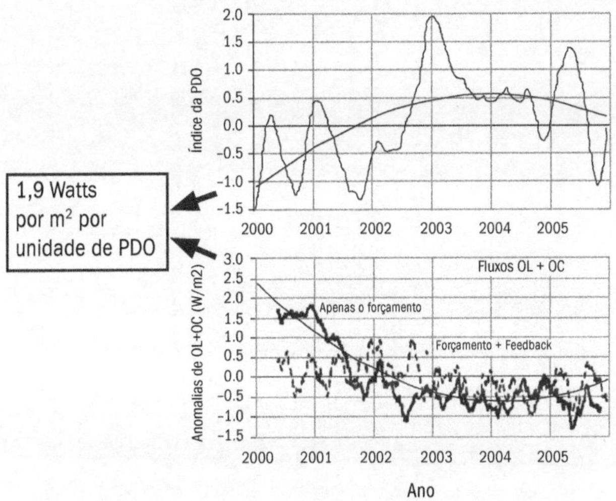

ÍFonte: Spencer.[326] O índice da PDO em (a) representa uma média em 3 meses; os dados de satélite para os fluxos radioativos em (b) foram analisados para remover o componente de feedback. As curvas suaves são polinômios de segundo grau que se ajustam aos dados.

Com a retirada do sinal de *feedback*, a atenuação do índice de *feedback* na Figura B.2 pode ser observada como sendo uma boa equivalência ao forçamento radioativo atenuado, que o modelo assume ocorrer em decorrência de variabilidade da cobertura de nuvens associada à PDO.

O valor do forçamento radioativo encontrado foi de 1,9 W/m2 por unidade de índice de PDO. Isso significa que, para cada unidade do índice de PDO, a fase quente do PDO estava acompanhada por um aquecimento adicional de 1,9 W/m2, e a fase de resfriamento da PDO de um esfriamento de mesmo valor.

Spencer acrescenta que, nessa análise, a PDO não é um índice de temperatura, mas um índice de forçamento de radiação, que conduz o tempo de mudança da temperatura. Então o índice de PDO está diretamente relacionado à mudança da temperatura em relação ao tempo, e não com a própria temperatura.

Glossário

CBO: U.S. Congressional Budget Office.

Celsius: a escala métrica de temperatura.

CO_2: dióxido de carbono.

Combustíveis fósseis: combustíveis como carvão, petróleo ou gás natural que são produzidos ao longo de milhões de anos pela decomposição de fósseis enterrados e que emitem CO_2 quando queimados.

DOE: U.S. Department of Energy.

El Niño: ciclo climático natural que promove flutuações de temperatura e outros efeitos climáticos em regiões tropicais do leste do Oceano Pacífico, às vezes conhecido como El Niño-Oscilação Sul (ENSO).

EPA: U.S. Environmental Protection Agency

Era glacial: longo período de resfriamento global drástico, no passado, que durou dezenas ou centenas de milhares de anos, quando grande parte da Terra (sobretudo o Hemisfério Norte) estava recoberta por grandes placas de gelo e glaciares.

Fahrenheit: a escala americana de temperatura.

***Feedback*/retroalimentação:** resposta a uma perturbação (forçamento), que promove uma retroalimentação para modificar a própria perturbação, ampliando-a ou diminuindo-a (por *feedback* positivo ou negativo, respectivamente); o *feedback* "zero", em climatologia, corresponde à falta de mudança na energia térmica normalmente irradiada pela Terra — uma situação que os engenheiros eletrônicos descreveriam como *feedback* negativo, pois o calor ainda está sendo perdido.

Forçamento: forçamento radiativo, uma perturbação que altera o sistema climático e, em geral, dá origem a processos de *feedback*; está relacionado à sensibilidade climática.

Gases de efeito estufa: gases na atmosfera, como o vapor d'água, CO_2, metano ou óxido nitroso, que podem reter o calor irradiado pela Terra para o espaço. O principal gás-estufa é o vapor d'água.

Ilhas urbanas de calor: termo que se refere ao calor gerado pela vizinhança urbana, como os edifícios e o concreto, que gera uma distorção ao promover um aumento nas temperaturas mensuradas.

IPCC: o Painel Intergovernamental sobre a Mudança Climática das Nações Unidas.

La Niña: a fase fria do El Niño-Oscilação Sul (ENSO), quase sempre sucede a fase quente do El Niño.

"Limitar e negociar": sistema de negociação que limita as emissões na atmosfera de poluentes tóxicos ou de um gás-estufa como o CO_2. Limite de carbono: o limite imposto às emissões anuais de CO_2 em um sistema de "limitar e negociar".

Mínimo de Maunder: o período entre 1645 e 1715, quando a atividade do Sol estava baixa e o número anual de manchas solares próximo a zero.

NAM: U.S. National Association of Manufacturers.

Núcleos de gelo: núcleos cilíndricos de gelo extraídos de um manto de gelo por perfuração; as bolhas de ar retidas no gelo fornecem um registro histórico *proxy* das temperaturas do passado e dos níveis de CO_2.

Paleoclimatologia: o estudo de climas passados, inclusive alterações climáticas passadas.

PDO: Oscilação Decadal do Pacífico, um ciclo climático natural no Oceano Pacífico com uma duração muito maior que El Niño e La Niña.

Pequena Idade do Gelo: período anormalmente frio, mas não tão frio como as eras glaciais no passado distante da Terra, que durou de cerca de 1500 até o início do aquecimento global moderno, por volta de 1850.

Período Quente Medieval: o período precedente de aquecimento global, que durou aproximadamente de 800 a 1300.

Protocolo de Kyoto: protocolo das Nações Unidas para limitar as emissões de CO_2 e outros gases-estufa, por meio de um sistema de "limitar e negociar" que determina o limite de carbono para 38 países industrializados; o protocolo, que não foi ratificado pelos Estados Unidos, passou a ter efeito em 2005.

Sensibilidade climática: a resposta do sistema climático da Terra a um forçamento como a radiação solar, por exemplo, ou ao acréscimo de CO_2 na atmosfera; a sensibilidade ao CO_2 é quase sempre medida como o aumento da temperatura causado pela duplicação do nível de CO_2.

Taco de hóquei: nome dado ao gráfico manipulado do IPCC, publicado em 2001, mostrando a reconstrução das temperaturas ao longo dos últimos mil anos, semelhante à vista lateral de um taco de hóquei.

UV: ultravioleta, um dos três principais tipos de radiação emitidos pelo Sol (ultravioleta, visível e infravermelho); Radiação UV e visível são ondas curtas, enquanto o infravermelho possui um comprimento de onda longo.

Notas e referências

Capítulo 1: A fraude do aquecimento global

1. Um livro atual, que traça o perfil importante dos céticos do aquecimento global intitulado *The Deniers* com o intuito de enfatizar o uso depreciativo do termo feito pelos alarmistas — Lawrence Solomon, *The Deniers: The World Renowned Scientists Who Stood Up Against Global Warming Hysteria, Political Persecution, and Fraud* (Richard Vigilante Books, 2008).
2. Ray Evans, "The Kyoto Protocol's Statistical Fallacies", *in Quadrant*, maio de 2003.
3. Al Gore, *Uma verdade incoveniente* (Editora Manole, 2007)
4. U.S. Senate Environment and Public Works Committee (Minority) Report, 20 de dezembro de 2007, encontrado em http://epw.senate.gov/public/index.cfm?FuseAction=Minority.SenateReport.
5. U.S. Senate Minority Report, "More Than 700 International Scientists Dissent Over Man-Made Global Warming Claims: Scientists Continue to Debunk 'Consensus' em 2008 & 2009", atualizado em 16 de março de 2009, encontrado em http://epw.senate.gov/public/index.cfm?fuseAction=Files.View&FileStore_id=83947f5d-d84a-4a84-ad5d-6e2d71db52d9.
6. Richard S. Lindzen, "Climate of Fear", *in The Wall Street Journal*, Opinion Journal, 12 de abril de 2006.

7. Hans von Storch and Dennis Bray, "Climate scientists' views on climate change: A survey", publicado no blog da *Nature*, Climate Feedback, 8 de agosto de 2007, encontrado em http://blogs.nature.com/climatefeedback/2007/08/climate_scientists_views_on_cl_1.html#more.
8. Peter T. Doran e Maggie Kendall Zimmerman, "Examining the scientific consensus on climate change", *in Eos Transactions AGU* 90, p. 22-23 (2009), disponível em http://tigger.uic.edu/~pdoran/012009_Doran_final.pdf.
9. Global Warming Petition Project, Oregon Institute of Science and Medicine. Ver http:// www.petitionproject.org/.
10. Naomi Oreskes, "Beyond the ivory tower: The scientific consensus on climate change", *in Science* 306, p. 1686 (3 de dezembro de 2004) e "Erratum", *in Science* 307, p. 355 (21 de janeiro de 2005). O artigo de Oreskes refere-se às palavras-chave "mudança climática", que teriam produzido cerca de 11 mil resumos no banco de dados ISI no período de 1993 a 2003. O "Erratum" relata as palavras-chave "mudança climática global" que ela de fato empregou e que geraram o número bem menor de 928 resumos.
11. Benny Peiser, "The Dangers of Consensus Science", *in National Post,* 17 de maio de 2005, publicado em http://www.staff.livjm.ac.uk/spsbpeis/NationalPost.htm. Peiser opõe-se a várias conclusões de Oreskes, inclusive sua afirmação de que nenhum resumo discordou do suposto consenso sobre o aquecimento global provocado pelo homem.
12. A pesquisa do Gallup, "Awareness, Opinions About Global Warming Vary Worldwide", de 22 de abril de 2009, encontrada em http://www.gallup.com/poll/117772/Awareness-Opinions-Global-Warming-Vary-Worldwide.aspx#1. Os alarmistas são definidos como os entrevistados que acreditam que o aquecimento global seja causado pela atividade humana. Para o mundo, o percentual alarmista (54%) é a mediana das percentagens dos 127 países pesquisados, que incluem os E.U.A. A pesquisa também revelou que mais de um terço da população mundial jamais ouviu falar sobre aquecimento global.
13. Pew Research Center, 24 de janeiro de 2007, encontrado em http://pewresearch.org/pubs/282/global-warming-a-divide-on-causes-and-solutions.

14. IPCC, *Climate Change 2007:* The Physical Science Basis, Chapter 1: Historical Overview of Climate Change Science, Section 1.6.
15. Ibid.
16. IPCC, *Climate Change 2007:* The Physical Science Basis, Summary for Policymakers.
17. Para obter uma explicação sobre os gases de efeito estufa, consulte o Capítulo 2: A polêmica em torno do CO_2.
18. IPCC, 2007. Ver http://www.ipcc.ch/pdf/press-ar4/ipcc-flyer-low.pdf.
19. Por intermédio da fotossíntese, o processo pelo qual as células vivas convertem luz em energia química.
20. As manchas solares são pequenas manchas escuras na superfície do sol originárias de tempestades magnéticas, e que podem ser vistas através de um filtro em um telescópio.
21. IPCC, *Climate Change* 2007: The Physical Science Basis, Chapter 1: Historical Overview of Climate Change Science, Section 1.4.3.
22. Os raios cósmicos são partículas carregadas altamente energéticas, cuja maioria tem origem nas ondas de choque de explosões de supernovas que ocorrem em locais distantes de nossa galáxia.

Capítulo 2: A polêmica em torno do CO_2

23. O HadCRUT3 global combinou o registro de temperatura da superfície do mar e da terra, em http:// www.cru.uea.ac.uk/cru/info/warming/. A Climatic Research Unit (CRU) faz parte da Universidade de East Anglia, no Reino Unido, e compila o registro de temperatura em conjunto com o UK Met Office Hadley Centre.
24. http://climateprediction.net/schools/docs/correlation_causation.ppt#257,5,Data nos últimos 150 anos.
25. IPCC, *Climate Change 2007:* The Physical Science Basis, Summary for Policymakers, p. 5. Embora haja concordância sobre a existência do aquecimento, o aumento exato da temperatura tem sido debatido, como dis-

cutimos no Capítulo 3: A ciência que não deu certo, neste livro. Assim como o aumento da temperatura, o índice desse aumento desde 1980 está sendo questionado. Se o aumento for menor que 0,8° Celsius (1,4° Fahrenheit), a hipótese do CO_2 tem menos probabilidade de ser válida. Mas, de qualquer maneira, a hipótese está invalidada pelos três sinais de alerta para o CO_2 que estão relacionados na parte inferior da Tabela 2.1.

26. O nível atual de CO_2 (2009) na atmosfera é de 387 partes por milhão. Isso é 38% superior ao nível pré-industrial presumido nos anos 1700, que era de 280 partes por milhão, segundo o IPCC (na referência 25, p. 2), ou cerca de 35% maior que em 1850. No entanto, a verdadeira magnitude do aumento do CO_2 pode ser consideravelmente menor do que os valores indicam, como discutimos no Capítulo 3: A ciência que não deu certo.
27. A radiação solar é absorvida e irradiada pela Terra e por sua atmosfera em duas regiões diferentes de comprimentos de onda: a absorção acontece em comprimentos de onda curtos (ultravioleta e visível), enquanto o calor é irradiado em comprimentos de onda longos (infravermelho). Os gases de efeito estufa na atmosfera permitem que grande parte da radiação de ondas curtas passe, mas absorve uma porção substancial da radiação emitida de comprimentos de onda longos.
28. Svante Arrhenius, "Die vermutliche ursache der klimaschwankungen", *in Meddelanden fran K. Vetenskapsakademiens Nobelinstitut* 1, p. 1-10 (1906).
29. A atmosfera de Vênus, que é muito densa, consiste em 97% de CO_2. Essa quase imersão do planeta em CO_2 contribui para a temperatura elevada e inóspita, em torno de 470° Celsius (880° Fahrenheit), embora parte do aquecimento estufa em Vênus tenha origem nos bancos espessos de nuvens de ácido sulfúrico situados acima do CO_2.
30. Richard S. Lindzen, "Understanding common climate claims", *in Proceedings of the 34th International Seminar on Nuclear War and Planetary Emergencies*, ed. R. Raigaini (World Scientific Publishing Co., 2006), p. 189-210.

31. Roy W. Spencer, *Climate Confusion: How Global Warming Hysteria Leads to Bad Science, Pandering Politicians and Misguided Policies that Hurt the Poor* (Encounter Books, 2008), p. 65.

Capítulo 3: A ciência que não deu certo

32. IPCC, *Climate Change 2007:* The Physical Science Basis, Chapter 1: Historical Overview of Climate Change, Section 1.2.
33. O método científico consiste em seis etapas básicas: (1) observação ou coleta de dados; (2) formulação de uma hipótese, que é uma suposição fundamentada, para explicar as observações; (3) teste inicial da hipótese pelo experimento; (4) em seguida são realizados testes independentes, se a hipótese for verificada pelos testes iniciais; (5) elevação da hipótese, ou das várias hipóteses, a uma teoria (baseada em um número limitado de observações) ou uma lei (baseada em muitas observações); (6) modificação ou rejeição de qualquer hipótese contrária às observações feitas durante os testes experimentais. Na formulação de hipóteses, os dois processos de raciocínio-padrão utilizados são indução e dedução. A indução parte de um caso particular para uma conclusão geral, enquanto a dedução parte de evidências genéricas para uma conclusão específica — a hipótese do CO_2 é um exemplo de dedução. Um elemento importante de método científico é o critério da falsificabilidade, para o qual uma única observação contrária pode invalidar toda uma teoria ou lei (embora, de modo geral, não uma hipótese).
34. IPCC, *Climate Change 2007:* The Physical Science Basis, Chapter 1: Historical Overview of Climate Change Science, Section 1.3.3.
35. Tendência, um termo estatístico, conhecido como erro sistemático no jargão científico.
36. S.A. Changnon, "A rare long record of deep soil temperatures defines temporal temperature changes and an urban heat island", *in Climatic Change* 38, p. 113-128 (1999).

37. Ross R. McKitrick e Patrick J. Michaels,"A test of corrections for extraneous signals in gridded surface temperature data", *in Climate Research* 26, p. 159-173 (2004) e"Erratum", *in Climate Research* 27, p. 265-268 (2004); e"Quantifying the influence of anthropogenic surface processes and inhomogeneities on gridded global climate data", *in Journal of Geophysical Research* 112, p. D24S09 (2007), encontrado em http://www.uoguelph.ca/~rmckitri/research/jgr07/M&M.JGRDec07.pdf.
38. A.T.J. De Laat e A.N. Maurellis, "Industrial CO_2 emissions as a proxy for anthropogenic influence on lower tropospheric temperature trends", *in Geophysical Research Letters* 31, p. L05204 (2004), e "Evidence for influence of anthropogenic surface processes on lower tropospheric and surface temperature trends", *in International Journal of Climatology* 26, p. 897-913 (2006). 897- 913 (2006).
39. IPCC, *Climate Change 2007*: The Physical Science Basis, Chapter 3: Observations: Surface and Atmospheric Climate Change, Section 3.2.2.2.
40. McKitrick e Michaels (na referência 37) estimam que o índice de aquecimento na superfície terrestre desde 1980 diminua de 0,27° Celsius (0,49° Fahrenheit) por década, estimado pelo IPCC, para 0,13 ° Celsius (0,23° Fahrenheit) por década, quando o efeito das ilhas urbanas de calor é incluído. Esse índice de aquecimento da terra pode estar associado ao índice de aquecimento dos oceanos de 0,13° Celsius (0,23° Fahrenheit) por década, do IPCC, que é o mesmo valor, para fornecer a taxa de aquecimento global corrigida após 1980 também igual a 0,13° Celsius (0,23° Fahrenheit) por década. Isso está 24% abaixo do índice de aquecimento global do IPCC de 0,17° Celsius (0,31° Fahrenheit) por década. As taxas de aquecimento do IPCC (da referência 39, do Executive Summary) são médias ponderadas nos Hemisférios Norte e Sul.
41. Se a temperatura corrigida é um quarto menor — ou seja, igual a três quartos da temperatura original, sem correção — então a temperatura inicial é um quarto maior que seu valor, ou um terço menor que a temperatura corrigida.

42. Howard C. Hayden, *A Primer on CO_2 and Climate* (Vales Lake Publishing, 2ª edição, 2008), Figura 11.
43. O registro da temperatura global terrestre e da superfície do mar feitos por satélite, publicado em http://vortex.nsstc.uah.edu/data/msu/t2lt/uahncdc.lt.
44. Ver NASA Goddard Institute for Space Studies (GISS) Surface Temperature Analysis, Station Data (para as estações com registros de tempo razoavelmente longos e medidos de forma coerente), publicado em http://data.giss.nasa.gov/gistemp/station_data/; e Ross R. McKitrick, em http://www.uoguelph.ca/~rmckitri/research/nvst.html.
45. Craig Loehle e J. Huston McCulloch, "Correction to: A 2000-year global temperature reconstruction based on non-tree ring proxies", *in Energy & Environment* 19, p. 93-100 (2008). Os *proxy* usados nessa reconstrução incluíram sedimentos de oceanos, furos de sonda, pólen e estalagmites de cavernas.
46. IPCC, *Climate Change 2007:* The Physical Science Basis, Figure 6.4 e FAQ 2.1, Figure 1.
47. Michael E. Mann, Raymond S. Bradley e Malcolm K. Hughes, "Global-scale temperature patterns and climate forcing over the past six centuries", *in Nature* 392, p. 779-787(1998), e "Northern Hemisphere temperatures during the past millennium: Inferences, uncertainties, and limitations", *in Geophysical Research Letters* 26, p. 759-762 (1999).
48. Stephen McIntyre e Ross R. McKitrick, "Corrections to the Mann et. al. (1998) proxy data base and Northern Hemispheric average temperature series", *in Energy & Environment* 14, p. 751-771 (2003), discutido posteriormente em http://www.uoguelph.ca/~rmckitri/research/MM-W05-background.pdf.
49. IPCC, *Climate Change 1995:* The Science of Climate Change, Figure 22.
50. IPCC, *Climate Change 2001:* The Scientific Basis, Figure 2.20.
51. Ver referência 48; componentes principais é um termo estatístico.
52. Edward J. Wegman, David W. Scott and Yasmin H. Said, U.S. House Committee on Energy e Commerce Ad Hoc Committee Report sobre o 'Hockey

Stick' Global Climate Reconstruction, 19 de julho de 2006, encontrado em http://www.uoguelph.ca/~rmckitri/research/WegmanReport.pdf.

53. *Surface Temperature Reconstructions for the Last 2,000 Years* (National Academies Press, 2006), Executive Summary, encontrado em http://www.nap.edu/catalog/11676.html.
54. S. Fred Singer e Dennis T. Avery, *Unstoppable Global Warming: Every 1,500 Years* (Rowman & Littlefield, 2nd edition, 2008), p. 46-92.
55. Michael E. Mann, Zhihua Zhang, Malcolm K. Hughes, Raymond S. Bradley, Sonya K. Miller, Scott Rutherford e Fenbiao Ni, "Proxy-based reconstructions of hemispheric and global surface temperature variations over the past two millennia", *in Proceedings of the National Academy of Sciences* 105, p. 13252-13257 (2008), disponível em http://www.pnas.org/content/early/2008/09/02/0805721105.full.pdf+html.
56. http://news.bbc.co.uk/2/hi/science/nature/7592575.stm.
57. IPCC, *Climate Change 2007:* The Physical Science Basis, Chapter 6: Palaeoclimate, Box 6.2 e Section 6.6.1.1.
58. David Deming, "Global warming, the politicization of science, and Michael Crichton's *State of Fear*", *in Journal of Scientific Exploration* 19, nº 4 (2005).
59. Ibid.
60. IPCC, *Climate Change 2007:* The Physical Science Basis, Chapter 2: Changes in Atmospheric Constituents and in Radiative Forcing, Section 2.3.1.
61. Ernst-Georg Beck, "180 years of atmospheric CO_2 gas analysis by chemical methods", *in Energy & Environment* 18 , p. 259-282 (2007). Os dados compilados por Beck na Figura 3.5 constituem cerca de 70 mil das mais de 90 mil medidas químicas de nível de fundo de CO_2, cuja precisão é maior ou igual a 3%; Beck rejeitou outros 20 mil por distorção. Essas medidas originam-se de lugares situados sobretudo na Europa Central e Norte, com observações adicionais feitas em estações nos E.U.A., Índia, no Oceano Atlântico e na Antártida.
62. Os valores mais altos de CO_2 refletem as medições feitas em ou próximo a grandes cidades, muito perto de fontes industriais de CO_2.

Apesar da variabilidade, o nível *médio* de CO_2 ainda é significativo. A média dos dados químicos apresentados na Figura 3.5 excede a linha de base pré-industrial assumida pelo IPCC para o CO_2 em mais de 40 partes por milhão.

63. Um leitor perspicaz pode, contudo, notar que os dados químicos de CO_2 apresentados na Figura 3.5 mostram um pico acentuado por volta de 1940, que corresponde quase exatamente ao pico menor no registro de temperatura mostrado na Figura 2.1. Mas isso talvez seja coincidência, pois outros picos de dados de CO_2 não são acompanhados pelos registros de temperatura. O nível de CO_2, no pico de 1940, de cerca de 440 partes por milhão está muito acima até mesmo do valor atual (2009) de 387 partes por milhão.
64. G.S. Callendar, "The composition of the atmosphere through the ages," *in The Meteorological Magazine* 74, p. 33-39 (1939).
65. Giles Slocum, "Has the amount of carbon dioxide in the atmosphere changed significantly since the beginning of the twentieth century?", *in Monthly Weather Review*, outubro de 1955, p. 225-231.
66. Ibid.
67. Os níveis de CO_2 atmosférico são determinados a partir de núcleos de gelo, ao medir a composição das bolhas de ar presas no gelo, mas os níveis assim obtidos podem não ser precisos, porque o ar não é capturado até que haja um acúmulo suficiente de neve para comprimir a subsuperfície de neve em gelo, a idade do ar aprisionado é menor que a idade do gelo ao redor, mas por um valor que varia de acordo com as condições locais. Isso introduz uma incerteza na escala de tempo e dificulta a correspondência exata dos dados indiretos do núcleo de gelo com as medidas recentes e diretas do CO_2. E os níveis de CO_2 no núcleo de gelo podem ser imprecisos em virtude das alterações na composição original do ar causadas por processos químicos e físicos complexos que ocorrem no gelo comprimido. Mesmo que esse não seja o caso, o nível de CO_2 na Antártida e na Groenlândia, onde grande parte dos núcleos de gelo é extraída,

está um pouco abaixo da média global, devido à absorção de CO_2 pelos oceanos mais frios dessas regiões.

68. Ver, por exemplo, M. Rundgren e D. Beerling, "A Holocene CO_2 record from the stomatal index of subfossil Salix herbacea L. leaves from northern Sweden", *in Holocene 9, p.* 509-513 (1999).
69. Friederike Wagner, Sjoerd J. P. Bohncke, David L. Dilcher, Wolfram M. Kurschner, Bas van Geel e Henk Visscher, "Century-scale shifts in early Holocene atmospheric CO_2 concentration", *in Science* 284, p. 1971-1973 (1999) e Thomas B. van Hoof, Friederike Wagner-Cremer, Wolfram M. Kurschner e Henk Visscher, "A role for atmospheric CO_2 in preindustrial climate forcing", *in Proceedings of the National Academy of Sciences* 105, p. 15815-15818 (2008).
70. Os atuais níveis de fundo de CO_2 na atmosfera são monitorados em cerca de 50 lugares no mundo inteiro pelo U.S. Department of Energy (DOE)'s Carbon Dioxide Information Analysis Center (CDIAC), relatado em http://cdiac.ornl.gov/trends/co2/contents.htm. Grande parte do CO_2 produzido pelo homem é gerado no Hemisfério Norte, mas espalha-se rapidamente por todo o planeta.
71. O IPCC (na referência 39, Executive Summary) afirma que o índice de aquecimento global das ilhas urbanas de calor é de apenas 0,006° Celsius (0,01° Fahrenheit) por década, comparado ao índice de aquecimento terrestre global desde 1980 de 0,27° Celsius (0,49° Fahrenheit) por década — ou negligenciáveis 2,2%. Isso está em contraste com a estimativa feita por McKitrick e Michaels (na referência 37) de que o efeito das ilhas urbanas de calor contribui com 0,14° Celsius (0,25° Fahrenheit) do índice de aquecimento global de 0,27° Celsius (0,49° Fahrenheit) por década — mais de 50% do aumento de temperatura medido na terra.
72. Ross R. McKitrick e Patrick J. Michaels, discussão sobre as circunstâncias em "Quantifying the influence of anthropogenic surface processes and inhomogeneities on gridded global climate data", encontrada em http://www.uoguelph.ca/~rmckitri/research/jgr07/M&M.JGR07-background.pdf.

73. Ibid.

74. IPCC, *Climate Change 2007:* The Physical Science Basis, Expert and Government Review Comments on the Second-Order Draft, Chapter 3, No. 3-285, encontrado em http://pds.lib.harvard.edu/pds/view/7786376?n=38&imagesize=1200&jp2Res=.25.

75. Ross R. McKitrick, "Atmospheric oscillations do not explain the temperature-industrialization correlation", Social Science Research Network, disponível em: http://papers.ssrn.com/sol3/papers.cfm?abstract_id=1166424.

76. Douglas J. Keenan, "The fraud allegation against some climatic research of Wei-Chyung Wang", *in Energy & Environment* 18 , p. 985-995 (2007), resumido e atualizado em http:// www.informath.org/apprise/a5620.htm.

77. Wei-Chyung Wang, Zhaomei Zeng e Thomas R. Karl, "Urban heat islands in China", *in Geophysical Research Letters* 17, p. 2377-2380 (1990).

78. P.D. Jones, P.Y. Groisman, M. Coughlan, N. Plummer, W.-C. Wang e T.R. Karl, "Assessment of urbanization effects in time series of surface air temperature over land", *in Nature* 347, p. 169-172 (1990).

79. Tao Shiyan, Fu Congbin, Zeng Zhaomei e Zhang Qingyun, "Two long-term instrumental climatic data bases of the People's Republic of China", relatório do Oak Ridge National ORNL/CDIAC-47, NDP-039 (1991), disponível em http://cdiac.ornl.gov/ftp/ndp039/ndp039.pdf.

80. Douglas J. Keenan (setembro de 2007), em http://www.informath.org/apprise/a5620/b17.htm.

81. IPCC, *Climate Change 2007:* The Physical Science Basis, Chapter 3: Observations: Surface and Atmospheric Climate Change, Section 3.2.2.2. Phil Jones, principal autor da referência 78, também foi um dos mais importantes autores desse capítulo do relatório do IPCC.

82. P.D. Jones, D. H. Lister e Q. Li, "Urbanization effects in large-scale temperature records, with an emphasis on China", *in Journal of Geophysical Research* 113, p. D16122 (2008). O estudo conclui que o aquecimento relacionado com a urbanização na China era de 0,1° Celsius (0,2° Fahrenheit) por década durante o período de 1951-2004. Em 5,4 décadas, a con-

tribuição da urbanização totaliza 0,54° Celsius (0,97° Fahrenheit). Essa contribuição representa dois terços do verdadeiro aquecimento de 0,81° Celsius (1,5° Fahrenheit) no mesmo período.

83. Richard S. Lindzen, "Climate Science: Is it currently designed to answer questions?", encontrado em http://arxiv.org/ftp/arxiv/papers/0809/0809.3762.pdf.
84. IPCC, *Appendix A to the Principles Governing IPCC Work* (revisado em novembro de 2003), Section 4.2, encontrado em http://www.ipcc.ch/pdf/ipcc-principles/ipcc-principles-appendix-a.pdf.
85. Vincent R. Gray, carta a David Henderson (2007), encontrada em http://nzclimatescience.net/index.php?option=com_content&task=view&id=155&Itemid=1.
86. Ibid.
87. S. Fred Singer, Letter to IPCC (Working Group I) Scientists, encontrado em http://www.sepp.org/Archive/controv/ipcccont/ipccflap.htm.
88. IPCC, *Climate Change 1995:* The Science of Climate Change, Chapter 8, p. 412 e p. 439.
89. Frederick Seitz, "A Major Deception on Global Warming", *in The Wall Street Journal,* 12 de junho de 1996.
90. Editorial, "Climate debate must not overheat", *in Nature* 381, p. 539 (1996).
91. Paul N. Edwards e Stephen H. Schneider, "The 1995 IPCC Report: Broad consensus or 'scientific cleansing'?", *in Ecofable/Ecoscience* 1, p. 3-9 (1997), encontrado em http://www.si.umich.edu/~pne/PDF/ecofables.pdf.
92. IPCC, *Climate Change 2007:* The Physical Science Basis, Contribution of Working Group I to the Fourth Assessment Report of the IPCC, Preface.
93. John McLean, "Why the IPCC should be disbanded", 9 de novembro de 2007, encontrado em http:// scienceandpublicpolicy.org/originals/whytheipccshouldbedisbanded.html.
94. IPCC, *Climate Change 2007:* The Physical Science Basis, Expert and Government Review Comments on the Second-Order Draft, Chapter 9, en-

contrado em http://pds.lib.harvard.edu/ds/view/7787808?n=1&imagesize=1200&jp2Res=.25.

95. IPCC, *Appendix A to the Principles Governing IPCC Work* (revisado em novembro de 2003), Section 4.2.5, encontrado em http://www.ipcc.ch/pdf/ipcc-principles/ipcc-principles-appendix-a.pdf.

Capítulo 4: O engodo do computador

96. Charles Blilie, *The Promise And Limits Of Computer Modeling* (World Scientific, 2007), Capítulo 1.
97. IPCC, *Climate Change 2007*: The Physical Science Basis, Chapter 1: Historical Overview of Climate Change, Section 1.2.
98. CCSP, 2008: Climate Models: An Assessment of Strengths and Limitations, Relatório do U.S. Climate Change Science Program e do Subcommittee on Global Change Research, Department of Energy (DOE), seção de Office of Biological and Environmental Research, 1.2.
99. Os exemplos de processos ou quantidades representados por parâmetros ajustáveis em modelos climáticos incluem fluxos atmosféricos e oceânicos; turbulência atmosférica próximo à superfície da terra (na chamada camada-limite); o patamar de umidade relativa para formação de nuvens (conjuntos de parâmetros separados de nuvens baixas e altas); a eficiência da evaporação da precipitação; a microfísica dos aerossóis; a salinidade do oceano; dinâmica mar-gelo e muitos mais.
100. Citado por Freeman Dyson em "A meeting with Enrico Fermi", *in Nature* 427, p. 297 (2004).
101. James M. Murphy, David M. H. Sexton, David N. Barnett, Gareth S. Jones, Mark J. Webb, Matthew Collins e David A. Stainforth "Quantification of modelling uncertainties in a large ensemble of climate change simulations", *in Nature* 430, p. 768-772 (2004).
102. O balanço energético global refere-se ao equilíbrio entre a quantidade de luz solar absorvida na parte superior da atmosfera e a quantidade

de energia que a Terra irradia para o espaço, ambas estimadas em cerca de 235 watts por metro quadrado em média ao longo de um ano. Acredita-se que este seja o balanço que mantém nosso planeta em uma temperatura média constante em curto prazo. Os modelos climáticos de computador são sintonizados pelo ajuste de parâmetros — as nuvens, em geral — para manter esse equilíbrio de energia. No entanto, 235 watts por metro quadrado são um cálculo teórico impreciso, por isso o processo de sintonia também está sujeito à incerteza. Essa ambiguidade pode afetar a capacidade do modelo de prever de forma correta a sensibilidade climática, como discutido por Bender [F. A.-M. Bender, *Environmental Research Letters* 3, p. 1-6 (2008), encontrada em http://www.iop.org/EJ/article/1748-9326/3/1/014001/erl8_1_014001.html].

103. CCSP, 2008: Climate Models: An Assessment of Strengths and Limitations, Relatório do U.S. Climate Change Science Program e do Subcommittee on Global Change Research, Department of Energy (DOE), Office of Biological and Environmental Research, Section 2.5.2, discutindo o Community Climate System Model — uma das principais classes de modelo climático usadas pelos modeladores do IPCC.
104. Conforme descrito no IPCC, *Climate Change 2007:* The Physical Science Basis, Chapter 8: Climate Models and Their Evaluation.
105. Kesten C. Green e J. Scott Armstrong, "Global warming: Forecasts by scientists versus scientific forecasts", *in Energy & Environment* 18 , p. 997-1021 (2007), encontrado em http://www. forecastingprinciples.com/Public_Policy/WarmAudit31.pdf.
106. Ibid.
107. Os principais empregos dos parâmetros ajustáveis de nuvens são a aproximação da formação de nuvens e dissipação de nuvens cirriformes (altas) e de nuvens estratiformes; convecção de nuvens cumuliformes (baixas), tanto em tempo bom como em tempestades; turbulência e as conversões entre a água de nuvem, a água de chuva, os cristais de gelo e a neve.

108. "Modelos de resolução de nuvem", que possuem grades inferiores a poucos quilômetros quadrados já estão disponíveis, mas levam muito tempo para serem executados até nos supercomputadores atuais. Esses modelos podem simular recursos como correntes de ar ascendentes e descendentes profundas, a bigorna de nuvens cirrus e interações nuvem-aerossol melhores que os modelos climáticos atuais, embora ainda requeiram parametrização de muitos processos de escala inferior à grade.
109. James Hansen *et al.*, "Climate simulations for 1880-2003 with GISS model E", *in Climate Dynamics* 29, p. 661-696 (2007). W/m^2 (watts por metro quadrado) é uma unidade de energia radioativa; hPa (hectopascal) é uma unidade de pressão atmosférica, a pressão atmosférica padrão no nível do mar é 1013 hPa.
110. United Nations Framework Convention on Climate Change (UNFCCC), Convention Text (1992), Article 2, encontrada em http://unfccc.int/resource/docs/convkp/conveng.pdf.
111. IPCC, *Climate Change 2007*: The Physical Science Basis, Chapter 8: Climate Models and Their Evaluation, FAQ 8.1.
112. Ibid, Section 8.6.3.2.
113. IPCC, *Climate Change 2007*: The Physical Science Basis, Chapter 10: Global Climate Projections, Section 10.2.1.3 e Figure 10.11(a).
114. IPCC, *Climate Change 2007*: The Physical Science Basis, Chapter 9: Understanding and Attributing Climate Change, Table 9.4.
115. Os modelos de computador são incapazes de prever o momento certo (com exceção do El Niño) e os efeitos climáticos do El Niño-Oscilação Sul, que é a fase quente de um ciclo oceano-atmosfera que ocorre em intervalos irregulares de 2-8 anos, ou da Oscilação Decadal do Pacífico, ou Oscilação Madden-Julian intrassazonal.
116. Este é um dos vários mecanismos de *feedback* positivo que poderia aumentar o aquecimento global nas regiões polares, se a hipótese do CO_2 fosse válida. O mecanismo de *feedback* envolve calor do derretimento da

neve e do gelo pelo CO_2 para expor as superfícies mais escuras, com baixa reflexividade (albedo). As superfícies menos refletoras absorvem mais calor do sol, aumentando o aquecimento apenas pelo CO_2.

117. Igor V. Polyakov *et al.*, "Variability and trends of air temperature and pressure in the maritime Arctic", *in Journal of Climate* 16, p. 2067-2077 (2003).
118. Ibid.
119. Peter T. Doran *et al.*, "Antarctic climate cooling and terrestrial ecosystem response", *in Nature* 415, p. 517-520 (2002).
120. Eric J. Steig, David P. Schneider, Scott D. Rutherford, Michael E. Mann, Josefino C. Comiso e Drew T. Shindell, "Warming of the Antarctic icesheet surface since the 1957 International Geophysical Year", *in Nature* 457, p. 459-462 (2009).
121. Hu McCulloch, "Steig 2009's Non-Correction for Serial Correlation", 26 de fevereiro de 2009, encontrado em http://www.climateaudit.org/?p=5341. A correção envolve o que os estatísticos chamam de correlação serial. Devido ao número limitado de estações meteorológicas na Antártida fornecendo dados reais de temperatura, um número muito maior de temperaturas reconstruídas em todo o continente estão correlacionados. Esta correlação aumenta os erros estatísticos além dos que foram relatados por Steig *et al.* (na referência 120). Quando se considera a correlação, o erro estatístico na temperatura reconstruída para o Leste da Antártida torna-se superior a 100% — o que significa que a mudança de temperatura nos últimos 50 anos pode ser até zero.
122. John Turner *et al.*, "Non-annular atmospheric circulation change induced by stratospheric ozone depletion and its role in the recent increase of Antarctic sea ice extent", *in Geophysical Research Letters* 36, p. L08502 (2009). O estudo do gelo do mar da Antártida foi realizado pelo British Antarctic Survey e pela NASA.
123. IPCC, *Climate Change 2007*: The Physical Science Basis, Chapter 7: Couplings Between Changes in the Climate System and Biogeochemistry, Section 7.5.2.4. Partículas de aerossol na atmosfera tendem a permanecer no

Hemisfério Norte onde são produzidas, ao contrário dos gases-estufa, como o CO_2, que se misturam rapidamente nos dois hemisférios.

124. IPCC, *Climate Change 2007*: The Physical Science Basis, Chapter 3: Observations: Surface and Atmospheric Climate Change, Section 3.2.2.4.
125. Especificamente, a troposfera, a camada mais baixa da atmosfera.
126. David H. Douglass, John R. Christy, Benjamin D. Pearson e S. Fred Singer, "A comparison of tropical temperature trends with model predictions", *in International Journal of Climatology* 28, p. 1693-1701 (2008).
127. John M. Lyman, Josh K. Willis e Gregory C. Johnson, "Recent cooling of the upper ocean", *in Geophysical Research Letters* 33, p. L18604 (2006); e Josh K. Willis, John M. Lyman, Gregory C. Johnson e John Gilson, "Correction to 'Recent cooling of the upper ocean'", *in Geophysical Research Letters* 34, p. L16601 (2007).
128. IPCC, *Climate Change 2007*: The Physical Science Basis, Chapter 8: Climate Models and Their Evaluation, Section 8.3.2.

Capítulo 5: Razão e sensibilidade ao CO_2

129. Em geral, entre a pressão barométrica e a velocidade do vento — com a pressão baixa aumentando o fluxo do vento, que promove uma queda maior na pressão e faz com que os ventos sejam ainda mais fortes, e assim por diante.
130. No caso do vapor d'água, que é o gás de efeito estufa predominante na atmosfera, a ideia é que um pequeno aumento no CO_2 atmosférico aquece um pouco a Terra por intermédio do efeito estufa. Esse aquecimento produz mais vapor d'água por evaporação dos oceanos e lagos, e o vapor d'água adicional, então, amplifica ainda mais o aquecimento. No caso das nuvens, o aquecimento inicial provocado pelo CO_2 produz nuvens mais altas que causam um aquecimento adicional (ao contrário das nuvens baixas que promovem resfriamento). Com o derretimento da neve na terra e do gelo do mar pelo aquecimento por CO_2, as superfícies mais

escuras, como solo, rocha e água do mar, ficam expostas e o albedo é menor. As superfícies menos refletoras absorvem mais radiação solar e, com isso, empurram para temperaturas mais elevadas. Nos três casos, o efeito minúsculo do CO_2 isolado é ampliado, segundo os modeladores do clima e o IPCC.

131. IPCC, *Climate Change 2007:* The Physical Science Basis, Chapter 8: Climate Models and Their Evaluation, Section 8.6.
132. IPCC, *Climate Change 2007:* The Physical Science Basis, Chapter 7: Couplings Between Changes in the Climate System and Biogeochemistry, Section 7.3.5.
133. Ibid, Section 7.6.
134. O *feedback* do vapor d'água, que depende do CO_2 pelo efeito estufa, é o maior em modelos climáticos do IPCC. Entretanto, sua força depende do pressuposto de que o aquecimento global não altera a umidade relativa do ar na baixa atmosfera (troposfera). O aquecimento aumenta a concentração de vapor d'água (umidade específica) na atmosfera, mas também aumenta o nível de saturação do vapor d'água, que define a umidade relativa do ar. Mas, se a distribuição da umidade relativa do ar na troposfera não permanecer constante quando ocorre o aquecimento, o *feedback* do vapor d'água pode ser mais fraco que o estimado.
135. Panel on Climate Change Feedbacks, National Research Council, *Understanding Climate Change Feedbacks* (National Academies Press, 2003), p. 24. O termo técnico para o índice da queda de temperatura com a altitude na troposfera é "índice de lapso". O efeito estufa do CO_2 é aumentado ou diminuído por um índice de lapso maior ou menor, respectivamente, uma vez que o vapor d'água na alta troposfera, mais fria, irradia menos calor para longe da Terra do que o vapor d'água próximo à superfície mais quente. Nos trópicos, onde as temperaturas na troposfera variam com mais intensidade, o índice de lapso observado está próximo à taxa de lapso adiabático úmido e descobriu-se que diminui com o aumento da temperatura da superfície, de modo que o *feedback* do índice de lapso é

negativo, pelo menos nos trópicos. Na maioria dos modelos climáticos do IPCC, o *feedback* do índice de lapso também é negativo, embora seja positivo em alguns modelos. Como as mudanças de temperatura e de vapor d'água estão tão intimamente associadas, o *feedback* positivo de vapor d'água está geralmente combinado ao *feedback* do índice de lapso.

136. Principalmente da NASA's Tropical Rainfall Measuring Mission (TRMM) e dos satélites da Terra.

137. Roy Spencer W., William D. Braswell, John R. Christy e Justin Hnilo, "Cloud and radiation budget changes associated with tropical intraseasonal oscillations", *in Geophysical Research Letters* 34, p. L15707 (2007). O ciclo intrassazonal de curto prazo estudado foi a Oscilação Madden-Julian. O aumento da temperatura atmosférica da fase fria para a fase quente dessa oscilação é, em poucas semanas, quase tão grande quanto o aquecimento global médio observado desde 1850.

138. Phil Gentry, "Cirrus disappearance: Warming might thin heat-trapping clouds", News Center, Universidade do Alabama, Huntsville, 9 de agosto de 2007, encontrado em http://www.uah.edu/News/newsread.php?newsID=875. A capacidade de reter calor das nuvens de gelo altas excede seu efeito de sombra solar, que é a característica dominante das nuvens baixas.

139. Richard S. Lindzen, Ming-Dah Chou e Arthur Y. Hou, "Does the Earth have an adaptive infrared iris?", *in Bulletin of the American Meteorological Society* 82, p. 417-432 (2001).

140. Satélite Aqua da NASA.

141. Roy W. Spencer, "Satellite and climate model evidence against substantial manmade climate change", disponível em http://www.drroyspencer.com/research-articles/satellite-and-climate-model-evidence/.

142. Roy W. Spencer, em comunicação pessoal (2009). O *feedback* negativo nesse segundo estudo não foi observado em radiação de ondas longas (infravermelho) da Terra, como no primeiro estudo, mas em radiação solar de ondas curtas (ultravioleta) refletidas. Spencer diz que as observações de satélite mostraram uma excelente correspondência com os modelos climá-

ticos do IPCC, na região de ondas longas, sugerindo que o *feedback* total de ondas longas — que consiste no vapor d'água, o índice de lapso e em *feedbacks* de nuvens altas — é fracamente positivo. No entanto, esse *feedback* positivo fraco é dominado pelo *feedback* negativo forte de nuvens baixas na região das ondas curtas. A possibilidade de zero ou até de *feedback* negativo de ondas longas, também baseado em observações de satélite, fora sugerido anteriormente por Piers Forster e Gregory [Piers Jonathan M. de F. e Jonathan M. Gregory, "The climate sensitivity and its components diagnosed from Earth radiation budget data", *in Journal of Climate* 19, p. 39-52 (2006)].

143. IPCC, *Climate Change 2007:* The Physical Science Basis, Chapter 8: Climate Models and Their Evaluation, Section 8.6.3.2.2. Em quase metade dos atuais modelos climáticos do IPCC, o *feedback* de nuvens tropicais baixas, em resposta ao aquecimento global, é negativo, o mesmo encontrado nos dados de satélite no segundo estudo da Universidade do Alabama (ver referência 141). Mas a outra metade dos modelos do IPCC prevê um *feedback* positivo a partir de nuvens baixas, e todos os modelos supõem uma combinação de *feedback* positivo líquido de nuvens baixas e altas.

144. Na opinião de Roy Spencer, os modelos climáticos atuais do IPCC devem ser ajustados para simular os dados de satélite em curto prazo (cinco anos), mostrando um esfriamento natural associado aos *feedbacks* negativos de nuvem, antes de fazer qualquer previsão de longo prazo sobre o aquecimento global.

145. Numericamente, o maior parâmetro de *feedback* em modelos climáticos do IPCC é a combinação vapor d'água-*feedback* do índice de lapso, estimado em 0,96 por W/m2 °C, em comparação com o *feedback* nuvem de 0,69 por W/m2 °C, e o *feedback* da neve e do gelo de 0,26 W/m^2 per °C (referência 143, Section 8.6.2.3). Esses *feedbacks* são todos positivos.

146. IPCC, *Climate Change 2007:* The Physical Science Basis, Chapter 9: Understanding and Attributing Climate Change, Sections 9.2 and 9.6.1.

147. IPCC, *Climate Change 2007:* The Physical Science Basis, Summary for Policymakers, p. 12.

148. Ibid.
149. Detalhes desses cálculos de sensibilidade climática, e referências, são fornecidos no Apêndice A: *Feedbacks* e sensibilidade do clima.
150. O aumento da temperatura global desde 1850 é de 0,6° Celsius (1,1° Fahrenheit), quando o efeito da ilha urbana de calor for considerado, como discutido no Capítulo 3: A ciência que não deu certo. Segundo o IPCC (*Climate Change 2007:* The Physical Science Basis, Summary for Policymakers, p. 5), o aumento desde 1850 foi de 0,8° Celsius (1,4° Fahrenheit).
151. O nível pré-industrial de CO_2 era de 280 partes por milhão segundo o IPCC (*Climate Change 2007:* The Physical Science Basis, Summary for Policymakers, p. 2). Entretanto, há evidências de que a linha de base pré-industrial era maior, de cerca de 320 partes por milhão, como discutimos no Capítulo 3: A ciência que não deu certo. Com esta linha de base mais alta, o aumento previsto de temperatura hoje, em decorrência do CO_2, seria de apenas 0,32 ° Celsius sem *feedback* de CO_2, em lugar de 0,54° C (Tabela 5.2), e menos ainda com *feedback* negativo.
152. IPCC, *Climate Change 2007:* The Physical Science Basis, Chapter 9: Understanding and Attributing Climate Change, Section 9.6.4.
153. Dan Pangburn, "Historical Data On Global Warming provided by U.S. Government Agencies", 15 de março de 2008, encontrado em http://www.middlebury.net/op-ed/pangburn.html.
154. Especificamente, os núcleos de gelo da estação russa de Vostok na Antártida Oriental.
155. Hubertus Fischer, Martin Wahlen, Jesse Smith, Derek Mastroianni e Bruce Deck, "Ice core records of atmospheric CO_2 around the last three glacial terminations", *in Science* 283, p. 1712-1714 (1999).
156. Nicolas Caillon, Jeffrey P. Severinghaus, Jean Jouzel, Jean-Marc Barnola, Jiancheng Kang e Volodya Y. Lipenkov, "Timing of atmospheric CO_2 and Antarctic temperature changes across termination III", *in Science* 299, p. 1728-1731 (2003).

157. Lowell Stott, Axel Timmermann e Robert Thunell, "Southern Hemisphere and deep-sea warming led deglacial atmospheric CO_2 rise and tropical warming", *in Science* 318, p. 435-438 (2007). Acredita-se que a quantidade de CO_2 liberada ou absorvida pelos oceanos com o aumento e a queda da temperatura, respectivamente, dependa das mudanças de temperatura induzidas por alterações na solubilidade e nos processos de mistura oceânica do CO_2.
158. As mudanças orbitais são conhecidas como ciclos de Milankovitch. Ver, por examplo, "Milankovitch Cycles and Glaciation" em http://www.homepage.montana.edu/~geol445/hyperglac/ time1/milankov.htm.
159. IPCC, *Climate Change 2007*: The Physical Science Basis, Chapter 6: Palaeoclimate, Box 6.2 e Section 6.4.1.2.
160. Os mecanismos de *feedback* de CO_2 que ampliam o resfriamento são o oposto daqueles que aumentam o aquecimento (descrito na referência 130, acima). A ideia é que uma pequena redução no CO_2 atmosférico, causada pela queda de temperatura no início de uma era glacial, deflagra mais resfriamento pelo inverso do efeito estufa. Acredita-se que outro *feedback* importante, porém lento, origine-se nos mantos de gelo, que refletem mais e absorvem menos luz solar que a água que congelou promovendo seu aparecimento. A menor absorção aumenta o resfriamento e provoca a formação de mais gelo. No final de uma era glacial, o *feedback* do manto de gelo aumenta o aquecimento à medida que o gelo derrete.
161. A continuação da elevação do nível de CO_2 depois do fim da última era glacial e o *lag* de CO_2 são pouco visíveis na Figura 5.1, devido à compressão da escala de tempo. Mas podem ser vistos com clareza no final da era glacial anterior, à direita do gráfico.
162. Existe o mesmo problema no início de uma era glacial. Alterações orbitais podem explicar a queda inicial da temperatura antes de o CO_2 fazer uma trajetória descendente 600-800 anos mais tarde, à medida que é absorvido para dentro dos oceanos. Mas a hipótese do CO_2 não tem explicação

para o que fez com que a temperatura continuasse a cair no final da era, enquanto o CO_2 não parava de cair 600-800 anos depois.

163. IPCC, *Climate Change 2007*: The Physical Science Basis, Chapter 6: Palaeoclimate, Sections 6.4.1.1 and 6.4.1.2.
164. Barbara Stenni *et al.*, "An oceanic cold reversal during the last deglaciation", *in Science* 293, p. 2074-2077 (2001) — ver Fig. 3A. A transição da última era glacial até o atual período interglacial levou 6 mil a 7 mil anos, durante os quais o aumento da temperatura média global, que é cerca da metade da alteração verificada nos polos, foi de quase 4 °C (7 °Fahrenheit). Essa foi seis a oito vezes mais lenta do que o aquecimento global recente, a verdadeira relação, dependendo da magnitude exata do aumento de temperatura desde 1850 (ver referência 150). No entanto, sabe-se que o aquecimento pós-era glacial foi interrompido por um evento chamado Younger Dryas, que resultou em um resfriamento temporário. O aquecimento antes e depois do evento Dryas foi mais rápido, o aquecimento após o evento é apenas duas a três vezes mais lento do que o aquecimento global atual.

Capítulo 6: Deixando a natureza encontrar seu rumo

165. Conhecida tecnicamente como radiação solar, que é medida como radiação solar total que incide no topo da atmosfera da Terra.
166. Shahinaz M. Yousef, "The solar Wolf-Gleissberg cycle and its influence on the Earth", setembro de 2000, encontrado em http://virtualacademia.com/pdf/cli267_293.pdf.
167. Os dois principais isótopos cosmogênicos são ^{10}Be, encontrado em núcleos de gelo, e ^{14}C, medido em geral em anéis de árvores. Em virtude de a maior atividade solar reduzir o número de raios cósmicos disponíveis para a produção atmosférica de isótopos cosmogênicos, que são então transportados para a superfície da Terra, existe uma relação inversa entre a radiação solar e os níveis terrestres de radioisótopos. A maior atividade solar resulta em níveis baixos de isótopos, e vice-versa.

168. IPCC, *Climate Change 2007:* The Physical Science Basis, Chapter 2: Changes in Atmospheric Constituents and in Radiative Forcing, Section 2.7.1.2.1.
169. Y.-M. Wang, J.L. Lean e N.R. Sheeley, Jr., "Modeling the sun's magnetic field and irradiance since 1713", *in The Astrophysical Journal* 625, p. 522-538 (2005).
170. Ibid.
171. IPCC, *Climate Change 2007:* The Physical Science Basis, Chapter 6: Palaeoclimate, Section 6.6.3.4. A estimativa do aumento de radiação solar feito pelo IPCC desde a época do Mínimo de Maunder é: a estimativa baixa de 0,08%, escolhida com base nos dados das manchas solares e em um modelo de computador do sol (ver referência 169), e a estimativa elevada de 0,25%, derivada de um registro de ^{10}Be encontrado em núcleo de gelo (ver referência 172 a seguir). O ganho de 0,08% com base no número de manchas solares é composto por 0,04% de aumento na radiância média, acrescido de metade da amplitude atual do ciclo de manchas solares de 0,08% da radiância. A amplitude do ciclo das manchas solares durante o Mínimo de Maunder estava próximo a zero.
172. Edouard Bard, Grant Raisbeck, Françoise Yiou e Jean Jouzel, "Solar irradiance during the last 1200 years based on cosmogenic nuclides", *in Tellus* 52B, p. 985-992 (2000). Neste estudo, grande parte das estimativas elevadas do aumento de radiância solar desde o Mínimo de Maunder origina-se de dados estelares atualmente desacreditados, mas existe uma estimativa maior feita por George Reid que se baseia no número de manchas solares associado a um modelo climático simples do balanço energético [George C. Reid, "Solar forcing of global climate change since the mid-17th century", *in Climatic Change* 37, p. 391-405 (1997)]. Reid calcula que a radição solar aumentou 0,65% desde o Mínimo de Maunder até os dias de hoje.
173. IPCC, *Climate Change 2007:* The Physical Science Basis, Chapter 9: Understanding and Attributing Climate Change, Figura 9.4.
174. IPCC, *Climate Change 2001:* The Scientific Basis, Chapter 6: Radiative Forcing of Climate Change, Section 6.11.1.2.

175. O relatório do IPCC de 2007 (na referência 173, Figura 9.5b) aproxima-se mais do cálculo da contribuição do Sol ao fazer a representação gráfica da temperatura prevista por seus modelos climáticos durante o período de 1900 até os dias de hoje, apenas com os forçamentos naturais. Os únicos forçamentos naturais considerados são de origem vulcânica e solar, mas o forçamento vulcânico (que é negativo, em virtude dos aerossóis liberados) é atualmente negligenciável pois não houve uma erupção vulcânica explosiva desde o monte Pinatubo, em 1991. Portanto, o aumento de temperatura previsto pelo IPCC por forçamentos naturais pode ser assumido como sendo apenas proveniente do Sol.

176. IPCC, *Climate Change 2007:* The Physical Science Basis, Chapter 2: Changes in Atmospheric Constituents and in Radiative Forcing, Section 2.7.1.1.2.

177. Claus Fröhlich, "Solar constant: Construction of a Composite Total Solar Irradiance (TSI) Time Series from 1978 to present", Physikalisch-Meteorologisches Observatorium Davos/ World Radiation Center (PMOD/ WRC), em http://www.pmodwrc.ch/pmod.php?topic=tsi/ composite/ SolarConstant.

178. Richard C. Willson, "Total Solar Irradiance (TSI) Monitoring and Requirements for Sustaining the TSI Database", Active Cavity Radiometer Irradiance Monitor (ACRIM), em http://acrim.com/TSI%20Monitoring.htm.

179. Richard C. Willson, carta a Nicola Scafetta (16 de setembro de 2008), no slide 16 da apresentação de Scafetta a U.S. Environmental Protection Agency (EPA), 26 de fevereiro de 2009, disponível em http://yosemite.epa.gov/ee/epa/wpi.nsf/09133da7fb9a95db85256698006641d1 /7a55 16152467a30b85257562006c89a6!OpenDocument.

180. Nicola Scafetta e Richard C. Willson, "ACRIM-gap and TSI trend issue resolved using a surface magnetic flux TSI proxy model", *in Geophysical Research Letters* 36, p. L05701 (2009).

181. Joanna D. Haigh, "The effects of solar variability on the Earth's climate", *in Philosphical Transactions of the Royal Society of London* A361, p. 95-111 (2003).

182. Nicola Scafetta e Bruce J. West, "Phenomenological reconstructions of the solar signature in the Northern Hemisphere surface temperature records since 1600", *in Journal of Geophysical Research* 112, p. D24S03 (2007); e "Is climate sensitive to solar variability?", *in Physics Today* 61, Issue 3, p. 50-51 (2008). A base do modelo fenomenológico dos autores é que as variações de curto prazo na atividade solar ao longo do ciclo solar de 11 anos induzem flutuações similares na temperatura média da Terra — que são vistas, em geral, como ruído e a média é calculada em modelos climáticos de computador. As variações diárias da atividade solar estão associadas às manchas solares e a seus equivalentes brilhantes, as erupções solares; variações mensais ocorrem devido à rotação do Sol. Scafetta e West afirmam que as flutuações de curto prazo na temperatura da Terra não são ruído, mas resultam em aumentos e diminuições da temperatura global em longo prazo durante dezenas ou mesmo centenas de anos. Nessa abordagem, uma fração importante do aquecimento global atual decorre do ganho de longo prazo na atividade solar desde a era pré-industrial. Scafetta e West acrescentam que grande parte dos mecanismos de acoplamento clima-Sol não está incluída em modelos computacionais que, por tanto, subestimam os efeitos do Sol sobre o clima.
183. W. Dansgaard *et al.*, "Evidence for general instability of past climate from a 250-kyr ice-core record", *in Nature* 364, p. 218-220 (1993). Temperaturas antigas são deduzidas de núcleos de gelo medindo a proporção de ^{18}O para ^{16}O, e essa proporção depende da temperatura.
184. Gerard Bond *et al.*, "A pervasive millennial-scale cycle in North Atlantic Holocene and glacial climates", *in Science* 278, p. 1257-1266 (1997). Os núcleos de sedimento das profundezas do mar estudados contêm detritos de rochas glaciais transportados para os oceanos por *icebergs*, e então lançados no fundo do mar quando esses *icebergs* derreteram. A datação por radiocarbono (que utiliza o isótopo cosmogênico ^{14}C) dos núcleos foi empregada para identificar a duração do ciclo. O volume de detritos de rochas glaciais é maior, e acontece longe, no mar, no ponto mais frio do ciclo de 1.500 anos.

185. Ibid.
186. S. Fred Singer e Dennis T. Avery, *Unstoppable Global Warming: Every 1,500 Years* (Rowman & Littlefield, 2nd edition, 2008), p. 15-99.
187. Holger Braun et al, "Possible solar origin of the 1,470-year glacial climate cycle demonstrated in a coupled model", *in Nature* 438, p. 208-211 (2005).
188. Ibid. Para construir um múltiplo inteiro de ciclos em 1.470 anos seriam necessários cerca de 86,5 (= 1470 / 17) anos do ciclo solar menor.
189. Ibid.
190. Gerard Bond et al, "Persistent solar influence on North Atlantic climate during the Holocene", *in Science* 294, p. 2130-2136 (2001). A equipe de pesquisa usou os isótopos cosmogênicos ^{10}Be na Groenlândia e ^{14}C presentes em anéis de árvores como indicadores *proxy* da atividade solar.
191. M. Debret *et al.*, "The origin of the 1.500-year climate cycles in Holocene North-Atlantic records", *Climate of the Past Discussions* 3, p. 679-692 (2007), encontrado em http://www.clim-.past-discuss.net/3/679/2007/cpd-3-679-2007-print.pdf.
192. Raimund Muscheler, Fortunat Joos, Jurg Beer, Simon A. Muller, Maura Vonmoos e Ian Snowball, "Solar activity during the last 1000-yr inferred from radionuclide records", *in Quaternary Science Reviews* 26, p. 82-97 (2007).
193. IPCC, *Climate Change 2007*: The Physical Science Basis, Chapter 6: Palaeoclimate, Section 6.5.1.6.
194. É realmente muito mais complicado do que isso. Parte da radiação recebida do Sol é refletida sem ser absorvida, e uma grande porção da energia absorvida é depois irradiada — algo é reabsorvido na atmosfera, e o restante é relançado no espaço. Além disso, grande parte da radiação solar absorvida é de ondas curtas (ultravioleta e visível), enquanto a porção irradiada pela Terra é principalmente de ondas longas (infravermelho).
195. Para uma discussão sobre *feedback*, consulte o Capítulo 5: Sentido e sensibilidade ao CO_2. Além dos mecanismos de aquecimento dos raios cósmicos e do ozônio discutidos aqui no Capítulo 6: Deixando a natureza

seguir seu rumo, qualquer *feedback* positivo que amplie o efeito de aquecimento do CO_2 também aumentará os efeitos de aquecimento solar.

196. Conhecido como "vento solar".
197. Henrik Svensmark, Cosmoclimatology": A new theory emerges", *in Astronomy & Geophysics* 48, p. 1.18-1.24 (2007), Henrik Svensmark e Nigel Calder, *The Chilling Stars: A Cosmic View of Climate Change* (Totem Books, 2nd edition, 2008). O mecanismo proposto para a formação de nuvens envolve a ionização de moléculas do ar por raios cósmicos, promovendo a produção de partículas de aerossol que consistem em aglomerados ultrapequenos de ácido sulfúrico e moléculas de água. Svensmark diz que esses grupos são os elementos básicos de formação dos núcleos de condensação de nuvens. Ele apresenta dados que mostram uma forte correlação entre a cobertura de nuvens baixas e os raios cósmicos que atingem a atmosfera da Terra, nos últimos 25 anos.
198. Ibid.
199. Ibid.
200. Nir J. Shaviv e Jan Veizer, "Celestial driver of Phanerozoic climate?", *in Geological Society of America Today* 13, p. 4-10 (2003).
201. O experimento de pequena escala, realizado no Danish National Space Center, em Copenhague, simulou as condições apenas no nível do mar, onde o fluxo de raios cósmicos é constituído principalmente de múons. Os múons são raios cósmicos secundários formados pela interação de partículas de raios cósmicos primários (como prótons e núcleos de hélio), com moléculas de ar mais altas na atmosfera. O experimento em grande escala, a ser realizado no CERN, em Genebra, utilizará um feixe de partículas altamente energético para simular os raios cósmicos primários, e a câmara de nuvem será capaz de simular as condições em todos os níveis da atmosfera. A câmara de nuvem maior também deve possibilitar a verdadeira produção de núcleos de condensação de nuvens, e não apenas seus elementos básicos como visto na câmara em pequena escala.
202. IPCC, *Climate Change 2007:* The Physical Science Basis, Chapter 2: Changes in Atmospheric Constituents and in Radiative Forcing, Section 2.7.1.3.

203. Ibid.
204. A radiação ultravioleta (UV) do sol quebra as moléculas de oxigênio (O_2) da atmosfera alta (estratosfera) em átomos individuais de oxigênio, que depois se combinam ao O_2 íntegro para formar ozônio (O_3). A camada de ozônio absorve quase toda a radiação UVB do sol, que provoca queimaduras e, em doses elevadas, câncer de pele. Além de absorver UV do sol, o ozônio é um gás com efeito estufa como o CO_2 e aprisiona uma pequena porção do calor do infravermelho irradiado para longe da Terra.
205. Drew Shindell, David Rind, Nambeth Balachandran, Judith Lean e Patrick Lonergan, "Solar cycle variability, ozone, and climate", *in Science* 284, p. 305-308 (1999).
206. Ver referência 181.
207. Ibid.
208. Joanna D. Haigh, Henrik Lundstedt, Peter Wintoft, Henrik Svensmark, Freddy Christiansen e Nigel Marsh, "Inluence of Solar Activity Cycles on Earth's Climate", apresentado na Second European Space Weather Week, em 15 de novembro de 2005, encontrado em http://www.esa-spaceweather.net/spweather/workshops/eswwII/proc/Session2/ESTECsww_20051.pdf. Além de raios cósmicos e do ultravioleta solar, o principal mecanismo alternativo para ampliar a atividade do sol envolve o vento solar.
209. Paul E. Geissler, "Three decades of Martian surface changes", *in Journal of Geophysical Research* 110, p. E02001 (2006); Lori K. Fenton, Paul E. Geissler e Robert M. Haberle, "Global warming and climate forcing by recent albedo changes on Mars", *in Nature* 446, p. 646-649 (2007). O aquecimento foi previsto por um modelo climático de computador para Marte, no qual a superfície mais escura absorvia mais luz do Sol que a superfície mais clara, poeirenta, 22 anos antes. As calotas de gelo de Marte são constituídas de CO_2 sólido e não de gelo de água, como na Terra.
210. Mark A. Szwast, Mark I. Richardson e Ashwin R. Vasavada, "Surface dust redistribution on Mars as observed by the Mars Global Surveyor and Viking orbiters", *in Journal of Geophysical Research* 111, p. E11008 (2006).

211. L.A. Sromovsky, P.M. Fry, S.S. Limaye e K.H. Baines, "The nature of Neptune's increasing brightness: Evidence for a seasonal response", *in Icarus* 163, p. 256-261 (2003).
212. H.B. Hammel e G.W. Lockwood, "Suggestive correlations between the brightness of Neptune, solar variability, and Earth's temperature", *in Geophysical Research Letters* 34, p. L08203 (2007).
213. "MIT researcher finds evidence of global warming on Neptune's largest moon", News Office, Massachusetts Institute of Technology, 24 de junho de 1998, encontrado em http://web.mit.edu/newsoffice/ 1998/triton.html.
214. "Pluto is undergoing global warming, researchers find", News Office, Massachusetts Institute of Technology, 9 de outubro de 2002, encontrado em http://web.mit.edu/newsoffice/2002/ pluto.html.
215. Também existem efeitos importantes do El Niño e La Niña no Oceano Índico e, em menor grau, nos oceanos do sul e no Atlântico.
216. IPCC, *Climate Change 2007*: The Physical Science Basis, Chapter 3: Observations: Surface and Atmospheric Climate Change, Section 3.6.2.1.
217. IPCC, *Climate Change 2007*: The Physical Science Basis, Chapter 8: Climate Models and Their Evaluation, Section 8.4. Entre outras deficiências, os modelos climáticos do IPCC não conseguem prever o momento certo (exceto em relação a El Niño) e os efeitos climáticos do El Niño-Oscilação Sul, que incluem a fase quente do El Niño e a fase fria do La Niña, ou a Oscilação Decadal do Pacífico, ou a Oscilação Madden-Julian.
218. Roy W. Spencer, "Global warming as a natural response to cloud changes associated with the Pacific Decadal Oscillation (PDO)", encontrado em http://www.drroyspencer.com/research-articles/global-warming-as-a-natural-response/.
219. Para um resumo, ver Joe D'Aleo, "US temperatures and climate factors since 1895", at http:// icecap.us/images/uploads/US_Temperatures_and_Climate_Factors_since_1895.pdf. Usando dados recém-publicados U.S. Historical Climatology Network (USHCN), D'Aleo, em 2008, observou uma forte correlação ($R^2 = 0,85$) entre o registro do USHCN da tempe-

ratura desde 1900 a 2007 e os índices combinados para a Oscilação Decadal do Pacífico (PDO) e da Oscilação Multidecadal do Atlântico (AMO). Os índices da PDO e da AMO baseiam-se em geral nas temperaturas da superfície do mar.

220. Isso também foi demonstrado há mais de 30 anos, diz Spencer, por Klaus Hasselman [Claude Frankignoul Klaus Hasselmann, "Stochastic climate models. Part II. Application to sea-surface temperature anomalies and thermocline variability", *in Tellus* 29, p. 289-305 (1977)]. Ocorre porque os oceanos retêm uma memória das alterações passadas do balanço radioativo da Terra por um longo período, em virtude de sua grande capacidade térmica.

221. Neste modelo simples do balanço energético, os dois principais pressupostos são a profundidade da placa oceânica, pela qual o calor é misturado em escalas de tempo multidecenais a centenárias, e a variabilidade da cobertura de nuvens ser diretamente proporcional aos valores observados do índice da PDO (ver Apêndice B: O modelo de variabilidade da cobertura de nuvens da PDO). A profundidade característica da mistura do oceano nas simulações era de 800 metros.

222. Para os valores calculados do aquecimento global causado pelo CO_2, ver Tabela A.1 (Anexo A: *Feedbacks* e Sensibilidade ao Clima. As estimativas de 75% e 25% baseiam-se no valor do IPCC de 0,8° Celsius (1,4° Fahrenheit) para o aumento da temperatura global desde 1850, e não do valor corrigido de 0,6° Celsius (1,1° Fahrenheit) em decorrência das ilhas urbanas de calor discutidas no Capítulo 3: A ciência que não deu certo. Se valores corrigidos em relação às ilhas de calor forem usados em lugar dos números do IPCC para a temperatura global, o modelo de Spencer da variabilidade da cobertura de nuvens da PDO contribui para quase todo o aquecimento observado.

223. Willie W.-H. Soon, "Variable solar irradiance as a plausible agent for multidecadal variations in the Arctic-wide surface air temperature record of the past 130 years", *in Geophysical Research Letters* 32, p. L16712 (2005).

224. Ver Capítulo 5: Sentido e sensibilidade ao CO_2.

225. IPCC, *Climate Change 2007:* The Physical Science Basis, Chapter 2: Changes in Atmospheric Constituents and in Radiative Forcing, Section 2.7.
226. IPCC, *Climate Change 2007:* The Physical Science Basis, Chapter 9: Understanding and Attributing Climate Change, Section 9.4.1.2.
227. Ibid, Section 9.4.1.4.

Capítulo 7: O resfriamento global

228. Kyle L. Swanson e Anastasios A. Tsonis, "Has the climate recently shifted?", *Geophysical Research Letters* 36, p. L06711 (2009), available at http://www.uwm.edu/~kswanson/publications/2008GL037022_all.pdf; reported by Michael Reilly, "Global Warming: On Hold?", *Discovery News*, 2 de março de 2009, encontrado em http://dsc.discovery.com/news/2009/03/02/global-warming-pause.html.
229. Ibid. Swanson e Tsonis postulam que o clima global passa por uma grande mudança quando quatro ciclos climáticos naturais específicos se repercutem, reforçando-se mutuamente, ao mesmo tempo que o acoplamento entre os quatro ciclos aumenta. Os quatro ciclos são o El Niño-Oscilação Sul, a Oscilação Decadal do Pacífico, a Oscilação do Atlântico Norte e o Índice do Pacífico Norte. No entanto, desconhece-se a causa exata dessa reorganização interna do sistema climático.
230. O registro de satélite da temperatura global, que é a média ponderada das temperaturas da superfície da terra e do mar, do Earth System Science Center na Universidade do Alabama, Huntsville, publicado em http://vortex.nsstc.uah.edu/data/msu/t2lt/uahncdc.lt.
231. O HadCRUT3 global combinou o registro de temperatura da superfície da terra e do mar, em http://www.cru.uea.ac.uk/cru/info/warming/. O registro da temperatura do HadCRUT3 está compilado conjuntamente pelo Climatic Research Unit (CRU) e o Met Office Hadley Centre no Reino Unido.
232. Se a diminuição da temperatura for verificada a partir de 1998, como alguns céticos gostam de fazer, a queda é ainda maior. Mas isso apenas

porque as temperaturas globais daquele ano atingiram extremos, devido à força rara do El Niño de 1997-1998. Isso é manipulação de dados, do tipo que os alarmistas do IPCC muitas vezes produzem. No entanto, a queda pode ser medida, de maneira legítima, a partir do início de 2002, quando a temperatura era mais constante.

233. Joe D'Aleo, "Correlation of Carbon Dioxide with Temperatures Negative Again", Prison Planet.com blog, 27 de maio de 2008, encontrado em http://www.prisonplanet.com/articles/may2008/270508_b_carbon.htm.
234. Seth Borenstein, "Obama Left With Little Time to Curb Global Warming", Associated Press, 14 de dezembro de 2008, encontrado em http://abcnews.go.com/Technology/JustOneThing/WireStory?id=6461910&page=1.
235. Os modeladores do clima atribuem o resfriamento ocorrido entre 1940 e 1970 a partículas de aerossóis presentes na atmosfera, produzidas por usinas de energia movidas a carvão que surgiram durante o período de desenvolvimento industrial acelerado após a Segunda Guerra Mundial. Segundo os modelos, o efeito de resfriamento dominou a tendência de aquecimento proveniente das emissões de CO_2 todos esses anos — embora o declínio da temperatura entre 1940 a 1970 também possa estar associado às flutuações de ciclos naturais como a Oscilação Decadal do Pacífico, algo que os modelos de computador ignoram.
236. Don J. Easterbrook, "Global Cooling is Here: Evidence for Predicting Global Cooling for the Next Three Decades", Global Research, 2 de novembro de 2008, encontrado em http://www.globalresearch.ca/index.php?context=va&aid=10783.
237. O ciclo da Oscilação Multidecadal do Atlântico dura, em média, cerca de 35 anos e as fases quentes em geral demoram mais tempo que as fases frias.
238. Ver referência 231.
239. Ver, por exemplo, Theodor Landscheidt, "New Little Ice Age Instead of Global Warming?", em http://bourabai.narod.ru/landscheidt/new-e.htm.
240. IPCC, *Climate Change 2007:* The Physical Science Basis, Chapter 10: Global Climate Projections, Executive Summary.

241. IPCC, *Special Report:* Emissions Scenarios (2000).
242. IPCC, *Climate Change 2007:* The Physical Science Basis, Chapter 10: Global Climate Projections, Section 10.3.1. Na década de 2000 a 2010, o aumento médio da temperatura previsto para os três cenários representativos (Figura 10.5) é de aproximadamente 0,2° Celsius (0,36° Fahrenheit); isso equivale a um aumento de 0,14° Celsius (0,25° Fahrenheit) nos sete anos entre 2002 e o início de 2009.
243. A previsão do IPCC de um ganho de 0,14 °Celsius (0,25 °Fahrenheit) para o período entre 2002 e 2009, acrescida da queda real de 0,15° Celsius (0,27° Fahrenheit), resulta na estimativa exagerada de 0,29° Celsius (0,52° Fahrenheit).
244. O aumento da temperatura entre 1980 e 2001 foi de cerca de 0,4° Celsius (0,7° Fahrenheit), de acordo com o IPCC (ver Figura 7.2).
245. IPCC, *Climate Change 2007:* The Physical Science Basis, Summary for Policymakers, p. 13-15.
246. Ibid.
247. IPCC, *Climate Change 2007:* The Physical Science Basis, Chapter 3: Observations: Surface and Atmospheric Climate Change, Executive Summary and FAQ 3.3.
248. Ibid, Table 3.8.
249. Ryan N. Maue, Florida State University, "30-year lows: Global tropical cyclone activity at record low levels", found at http://www.coaps.fsu.edu/~maue/tropical/?p=8. O índice da Energia Acumulada do Ciclone (Accumulated Cyclone Energy — ACE) constitui uma métrica para a intensidade e duração comum de ciclones tropicais em determinada estação. O índice ACE mede a soma dos quadrados de velocidade dos ventos máximos de superfície sustentados, em seis intervalos de uma hora, para cada tempestade tropical. Como observamos na Figura 7.3, A análise de Maué mostra uma queda drástica, recente, ao longo de 24 meses da soma global do índice ACE.
250. IPCC, *Climate Change2007:* The Physical Science Basis, Chapter 4: Observations: Changes in Snow, Ice and Frozen Ground, Section 4.4.2.2.

251. Mark Serreze, National Snow and Ice Data Center, relatado pelo *National Geographic News*, 17 de setembro de 2008, no http://news.nationalgeographic.com/news/2008/09/080917-sea-ice.html.
252. Alguma radiação proveniente do sol é refletida para o espaço pelo manto de gelo, especialmente perto dos polos. Depois que o gelo derrete, as superfícies mais escuras, com menor albedo, expostas mais abaixo, absorvem mais radiação solar e contribuem para o aquecimento global.
253. U.S. National Oceanic and Atmospheric Administration (NOAA), Arctic Report Card 2008, encontrado em http://www.arctic.noaa.gov/reportcard/seaice.html. O gelo do verão do Ártico, que atinge sua extensão mínima anual em setembro, alcançou seu ponto mais baixo em 2007; o gelo do inverno, que cobre a área máxima em março, estava em seu nível mais baixo em 2006.
254. Ver, por exemplo, "Arctic Sea Ice Down to Second-Lowest Extent; Likely Record-Low Volume", Press Room, National Snow and Ice Data Center, 2 de outubro de 2008, no http:// nsidc.org/news/press/20081002_seaice_pressrelease.html.
255. IPCC, *Climate Change 2007:* The Physical Science Basis, Summary for Policymakers, p. 5.
256. John M. Lyman, Josh K. Willis e Gregory C. Johnson, "Recent cooling of the upper ocean", *in Geophysical Research Letters* 33, p. L18604 (2006). O conteúdo calórico do oceano foi medido desde a superfície até uma profundidade de 750 metros.
257. Josh K. Willis, John M. Lyman, Gregory C. Johnson e John Gilson, "Correction to 'Recent cooling of the upper ocean'", *in Geophysical Research Letters* 34, p. L16601 (2007).
258. Descrito em "Argo Robotic Instrument Network Now Covers Most of the Globe", NASA Earth Observatory, 01 de dezembro de 2004, encontrado em http://earthobservatory.nasa.gov/ Newsroom/view.php?id=25723.
259. Josh K. Willis, John M. Lyman, Gregory C. Johnson e John Gilson, "In situ data biases and recent ocean heat content variability", *in Journal of Atmospheric and Oceanic Technology* 26, p. 846-852 (2009).

260. Craig Loehle, "Cooling of the global ocean since 2003", *in Energy & Environment* 20, p. 101104 (2009). Loehle calcula que a perda de calor nos 900 metros superiores dos oceanos entre 2003 e 2008 tenha sido de 0,35 x 10^{22} Joules por ano, comparado ao ganho de 0,92 x 10^{22} Joules por ano nos 750 metros superiores entre 1993 e 2003, calculado por John Lyman *et al.* (ver referências 256 e 257). Entre 1955 e 2003, o ganho total de calor pelos oceanos a uma profundidade de 700 metros foi de 11,2 x 10^{22} Joules, como estimado por Sydney Levitus et al (na referência 262 a seguir) — um ganho médio de 0,23 x 10^{22} Joules por ano.
261. M. Ishii e M. Kimoto, "Reevaluation of historical ocean heat content variations with time-varying XBT and MBT depth bias corrections", *in Journal of Oceanography* 65, p. 287299 (2009).
262. S. Levitus, J. Antonov e T. Boyer, "Warming of the world ocean, 1955-2003", *in Geophysical Research Letters* 32, p. L02604 (2005).
263. Ibid.
264. IPCC, *Climate Change 2007:* The Physical Science Basis, Chapter 5: Observations: Oceanic Climate Change and Sea Level, Executive Summary.
265. Ibid, Section 5.5.6. Entre 1993 e 2003, a expansão térmica dos oceanos contribuiu com 60% do total observado do aumento do nível do mar.
266. Ibid, Figura 5.13.
267. Ibid, Figura 5.14.

Capítulo 8: Por que é relevante

268. Tom LoBianco, "Obama climate plan could cost $2 trillion", *in The Washington Times,* 18 de março de 2009, encontrado em http://www.washingtontimes.com/news/2009/mar/18/obama-climate-plan-could-cost-2-trillion/. O custo estimado do sistema "limitar e negociar" americano proposto para limitar as emissões de CO_2 teve origem entre os funcionários do Congresso informados pela Casa Branca de que o valor original era $646 bilhões em oito anos.

269. O custo ajustado pela inflação para os E.U.A. da Segunda Guerra Mundial foi estimado em $3 a $4 trilhões. Ver, por exemplo, http://www.usatoday.com/news/military/2007-10-23-wacosts_N.htm.

270. United Nations Framework Convention on Climate Change (UNFCCC), Protocolo de Kyoto (1997), encontrado em http://unfccc.int/kyoto_protocol/items/2830.php. Os gases de efeito estufa visados são CO_2, metano (CH_4), óxido nitroso (N_2O), hexafluoreto de enxofre (SF_6), hidrofluorocarbono e perfluorocarbono.

271. Uma tonelada métrica equivale a 1.000 kg — cerca de 10% mais que uma tonelada americana.

272. A China ultrapassou os E.U.A. em emissões anuais de CO_2 em 2008, e hoje é a maior emissora mundial de CO_2. A Índia não está muito atrás dos Estados Unidos.

273. U.S. Congressional Budget Office (CBO), "Who Gains and Who Pays Under Carbon Allowance Trading? The Distributional Effects of Alternative Policy Designs", junho de 2000, relatado em "Containing the Cost of a Cap-and-Trade Program for Carbon Dioxide Emissions", 20 de maio de 2008, disponível em http://www.cbo.gov/ftpdocs/92xx/doc9276/05-20-Cap_Trade_Testimony. 1.1.shtml.

274. Ibid.

275. United Nations Framework Convention on Climate Change (UNFCCC), Convention Text (1992), Article 2, encontrado em http://unfccc.int/resource/docs/convkp/conveng.pdf.

276. As taxas de câmbio vigentes no início de 2009, no valor de €30 por tonelada métrica, equivaliam a cerca de $36 por tonelada americana.

277. Carbono Positivo, os preços de negociação de carbono, informados em http://www.carbonpositive.net/searchnewsarticles.aspx?menu=1&s=1&categoryID=3&results=10.

278. Climate Action Network — Europe, "National Allocation Plans 2005-7: Do They Deliver?", Summary for policy-makers, Table 1, disponível em http://www.climnet.org/EUenergy/ET/ NAPsReport_Summary0306.pdf.

279. Julian Glover, "A collapsing carbon market makes mega-pollution cheap", *in The Guardian*, 23 de fevereiro de 2009, encontrado em http://www.guardian.co.uk/commentisfree/2009/feb/23/ glover-carbon-market-pollution.
280. Ver, por exemplo, "German inflation hits 3.0 percent in November", AFP, 27 de novembro de 2007, em http://afp.google.com/article/ALeqM5jCjNSHDLboaFWO1DMtMKJWtTgiXA.
281. União Europeia, "Questions and Answers on the Commission's proposal to revise the EU Emissions Trading System', 23 de janeiro de 2008, encontrado em http://europa.eu/rapid/pressReleasesAction.do?reference=MEMO/08/35&format=HTML&aged=0&language= EN&guiLanguage=en.
282. Ver "The Lieberman-Warner Climate Security Act (S. 2191)", em http://lieberman.senate. gov/documents/lwcsaonepage.pdf.
283. U.S. Environmental Protection Agency (EPA), "Acid Rain and Related Programs: 2007 Progress Report", encontrado em http://www.epa.gov/airmarkt/progress/docs/2007ARPReport.pdf.
284. U.S. Environmental Protection Agency (EPA), "Analysis of the Lieberman-Warner Climate Security Act of 2008", 14 de março de 2008, encontrado em http://www.epa.gov/climatechange/ downloads/s2191_EPA_Analysis.pdf.
285. Ibid.
286. U.S. National Association of Manufacturers (NAM), "United States: Economic Impact from the Lieberman-Warner Proposed Legislation to Reduce Greenhouse Gas Emissions", disponível em http://www.accf.org/pdf/NAM/ACCF-NAM-US.pdf.
287. A NAM define famílias de baixa renda como aquelas com renda média anual inferior a $18.500.
288. Ver, por exemplo, CRA International, Inc., "Economic Analysis of the Lieberman-Warner Climate Security Act of 2007 Using CRA's MRN-NEEM Model", em http://www.crai.com/uploadedFiles/RELATING_MATERIALS/Publications/BC/Energy_and_Environment/files/CRA_NMA_S2191_April08_2008.pdf. A CRA International é uma empresa de consultoria de negócios independente.

289. Grant Fleming, "Emissions trading scheme up for review under Act deal", *in The New Zealand Herald*, 16 de novembro de 2008, encontrado em http://www.nzherald.co.nz/politics/news/article.cfm?c_id=280&objectid=10543330.
290. National-ACT Confidence and Supply Agreement, 16 de novembro de 2008, encontrado em http:// www.national.org.nz/files/agreements/National-Act_Agreement.pdf.
291. Ibid.
292. James Grubel, "Australia parliament debates carbon-trade laws", Reuters UK, 14 de maio de 2009, em http://uk.reuters.com/article/oilRpt/idUKSYD46220220090514?pageNumber=1virtualBrandChannel= 0.
293. "Carbon tax", em http://en.wikipedia.org/wiki/Carbon_tax.
294. "CO_2 emissions booming, shifting east, researchers report", Oak Ridge National Laboratory News Release, 24 de setembro de 2008, encontrado em http://www.ornl.gov/info/press_releases/get_press_release.cfm?ReleaseNumber=mr20080924-00.
295. U.S. Department of Energy (DOE), "20% Wind Energy by 2030: Increasing Wind Energy's Contribution to U.S. Electricity Supply", julho de 2008, encontrado em http://www1.eere.energy.gov/ windandhydro/pdfs/41869.pdf.
296. Baseado em estatísticas compiladas pelo U.S. Department of Energy (DOE)'s Energy Information Administration, encontrado em http://www.eia.doe.gov/international/ RecentTotalElectricConsumption.xls.
297. Segundo o estudo do DOE (na referência 295), ao gerar 20% da eletricidade de origem eólia em 2030 nos E.U.A. seria possível evitar cerca de 825 milhões de toneladas métricas (750 milhões de toneladas americanas) das emissões de CO_2 do setor elétrico, de uma projeção de 7.900 milhões de toneladas métricas (7.200 milhões de toneladas americanas) do total de emissões de CO_2 americanas. A Energy Information Administration (na referência 298 a seguir) estima emissões totais de CO_2 em 2030 de 6.400 milhões de toneladas (5.800 milhões de toneladas americanas). U.S. Department of Energy (DOE), Energy

Information Administration, "Annual Energy Outlook 2009", março de 2009, p. 84, encontrado em http://www.eia.doe.gov/oiaf/aeo/pdf/0383(2009).pdf.

298. Michael J. Trebilcock, "Wind power is a complete disaster", *in The National Post*, 8 de abril de 2008, encontrado em http://network.nationalpost.com/np/blogs/fpcomment/archive/2009/04/08/ wind-power-is-a-complete-disaster.aspx.

299. "Danish energy consumption and emissions increased in 2006, report finds", *in Energy Business Review*, 23 de abril de 2007, encontrado em http://www.energy-business-review.com/article_news.asp?guid=47017FA7-BEF9-4-E82-B994-F36188328983. Seguido de um aumento de 16% em 2006, as emissões de CO_2 dinamarquesas caíram em 2007 — mas as emissões nesse ano ainda estavam acima do nível de 2005.

300. Ver referência 298, p.74.

301. Ibid, p. 71. Espera-se que o carvão contribua com 47% da demanda de eletricidade americana em 2030 e o gás natural 20%.

302. Gabriel Calzada Alvarez, "Study of the effects on employment of public aid to renewable energy sources", março de 2009, disponível em http://www.juandemariana.org/pdf/090327-employment-public-aid-renewable.pdf.

303. U.S. Department of Energy (DOE), Energy Information Administration, "Federal Financial Interventions and Subsidies in Energy Markets 2007", abril de 2008, Chapter 5, Table 35, encontrado em http://www.eia.doe.gov/oiaf/servicerpt/subsidy2/pdf/chap5.pdf.

Capítulo 9: Visão geral

304. Essa piada fazia parte, originalmente, de uma carta de Bobby Henderson ao Kansas School Board nos Estados Unidos, ilustrando o ponto em que correlação não implica em causalidade. A carta de 2005, que é uma paródia da teoria do *design* inteligente, pode ser encontrada em http://www.venganza.org/ about/open-letter/.

305. Apêndice A: *Feedbacks* e Sensibilidade do Clima

306. IPCC, *Climate Change 2007:* The Physical Science Basis, Annex I (Glossary).

307. IPCC, *Climate Change 2007:* The Physical Science Basis, Chapter 8: Climate Models and Their Evaluation, Section 8.6.2.3.

308. IPCC, *Climate Change 2001:* The Scientific Basis, Chapter 6: Radiative Forcing of Climate Change, Equation (6.1).

309. Ibid, Table 6.2.

310. IPCC, *Climate Change 2007:* The Physical Science Basis, Summary for Policymakers, p. 4.

311. IPCC, *Climate Change 2001:* The Scientific Basis, Chapter 9: Projections of Future Climate Change, Table 9.A1.

312. IPCC, Ibid, Executive Summary.

313. IPCC, *Climate Change 2007:* The Physical Science Basis, Chapter 9: Understanding and Attributing Climate Change, Section 9.6.2.1.

314. Ibid, Section 9.4.1.2.

315. IPCC, *Climate Change 2007:* The Physical Science Basis, Chapter 10: Global Climate Projections, Executive Summary.

316. James Hansen et al, "Earth's energy imbalance: confirmation and implications", *in Science* 308, p. 1431-1435 (2005), e "Climate simulations for 1880-2003 with GISS model E", *Climate Dynamics* 29, p. 661-696 (2007).

317. Roy W. Spencer, "Global warming as a natural response to cloud changes associated with the Pacific Decadal Oscillation (PDO)", encontrado em http://www.drroyspencer.com/research-articles/global-warming-as-a-natural-response/. A sensibilidade climática calculada de 0,21 °C hoje e 0,45 °C para a duplicação de CO_2 correspondem ao parâmetro máximo de *feedback* de 8,3 W/m^2 por °C.

318. O *feedback* zero (Planck), parâmetro de *feedback* calculado a partir de modelos climáticos de computador tem o valor de 3,2 W/m^2 por °C, segundo Soden e Held [Brian J. Soden e Isaac M. Held, "An assessment of climate feedbacks in coupled ocean-atmosphere models", *in Journal of Climate* 19, p.

3354-3360 (2006)]. Um valor um pouco diferente de 3,3 W/m^2 por °C foi relatado por Forster e Taylor [Piers M. de F. Forster and Karl E. Taylor, "Climate forcings and climate sensitivities diagnosed from coupled climate model integrations", *in Journal of Climate* 19, p. 6181-6191 (2006)].

319. IPCC, *Climate Change 2007:* The Physical Science Basis, Summary for Policymakers, p. 2.
320. IPCC, *Climate Change 2001:* The Scientific Basis, Chapter 8: Model Evaluation, Table 8.1.
321. IPCC, *Climate Change 2007:* The Physical Science Basis, Chapter 8: Climate Models and Their Evaluation, Table 8.1.
322. IPCC, *Climate Change 2007:* The Physical Science Basis, Chapter 9: Understanding and Attributing Climate Change, Section 9.6.3.2.
323. IPCC, *Climate Change 2007:* The Physical Science Basis, Summary for Policymakers, p. 5.
324. Sandrine Bony *et al.*, "How well do we understand and evaluate climate change feedback processes?", *in Journal of Climate* 19, p. 3445-3482 (2006), encontrado em http://www.atmos.ucla.edu/csrl/publications/Hall/Bony_et_al_2006.pdf.
325. R. A. Colman, S. B. Power e B. J. McAvaney, "Non-linear climate feedback analysis in an atmospheric general circulation model", *in Climate Dynamics* 13, p. 717-696 (1997).
326. Apêndice B: O modelo de variabilidade da cobertura de nuvem da PDO.
327. Roy W. Spencer, "Global warming as a natural response to cloud changes associated with the Pacific Decadal Oscillation (PDO)", encontrado em http://www.drroyspencer.com/research-articles/global-warming-as-a-natural-response/.
328. O índice da PDO é uma medida das temperaturas da superfície do Pacífico.
329. O registro da temperatura do HadCRUT3, disponível em http://www.cru.uea.ac.uk/cru/data/temperature/.

330. Os fluxos radioativos de ondas longas (OL) e de ondas curtas (OC) refletidas foram medidos pelo CERES instrument no satélite Terra da NASA.
331. Roy W. Spencer e William D. Braswell, "Potential biases in feedback diagnosis from observational data: A simple model demonstration", *in Journal of Climate* 21, p. 5624-5628 (2008).

Este livro foi composto na tipologia Adobe Jenson Pro, em corpo 12,5/16,
e impresso pela Markgraph — Gráfica e Editora, em papel offset 75g.
no segundo semestre de 2010.